10대를 위한 한 줄 과학

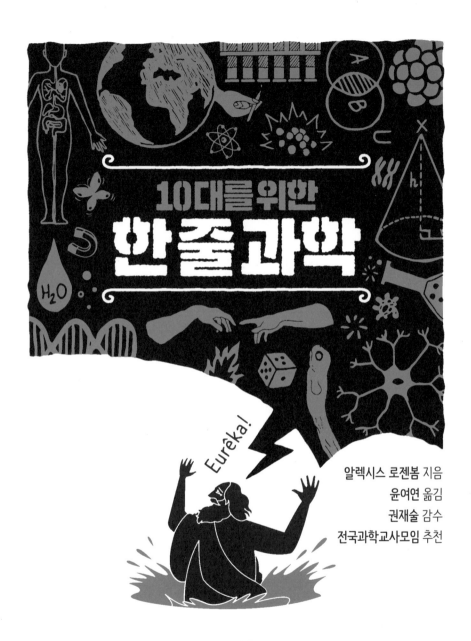

10대를 위한
한 줄 과학

Euréka!

알렉시스 로젠봄 지음
윤여연 옮김
권재술 감수
전국과학교사모임 추천

이야기공간

과학에 사람 냄새를 불어넣다

이 책은 과학사에 남긴 유명한 과학자들의 명언을 중심으로 풀어쓴 과학사 책이라고 할 수 있다. 역사를 기술하는 방법은 여러 가지다. 시대순으로 기록하거나 인물 중심으로 기록하거나 분야별로 기록하는 방법도 있을 것이다.

과학의 역사를 과학 명언들을 중심으로 구성했다는 점이 이 책의 특징이다. 이 책에 나오는 명언들은 과학을 공부하는 사람이라면 어디선가 한번쯤 들어보았을 것이다. 그만큼 유명한 말들이다.

과학의 역사에서 나오는 사건은 수없이 많다. 그 많은 사건 중에서 책이라는 제한된 지면에서 어떤 사건을 넣고 어떤 사건을 빼는 것은 쉬운 일이 아니다. 저자는 이 어려운 작업을 매우 간단히 해결했다. 바로 명언을 중심으로 역사를 보는 것이다.

아무 말이나 명언이 되는 것은 아니다. 어떤 말이 명언으로 남는다는 것은 그 명언이 말하는 바가 역사적으로 중요한 의미가 있기 때문인 한편 그 말이 시간과 공간을 통해 광범위하게 퍼졌다는 것을 의미한다. 어떤 말이 시간을 초월해 그 생명력을 잃지 않고 견딜 수 있을까? 당연히 중요한 의미가 있는 말일 것이다.

명언을 말하면 자연스럽게 그 말을 한 사람이 등장하게 된다. 사람이 등장하면 그가 그 말을 한 배경을 말하지 않을 수 없다. 명언을 말한 사람은 당연히 과학의 역사에서 중심적인 역할을 한 인물일 것이다. 그런 사람의 말과 한 일을 이야기하게 되면 자연스럽게 과학의 역사를 말하지 않을 수 없다. 그리고 그 역사는 변방의 역사가 아니라 과학의 주류를 이루는 역사가 될 것이다.

이 책이 명언을 중심으로 과학사를 구성한 것은 수많은 역사적 사건 중에서 자연스럽게 중요한 사건만을 선택하기 위해서였다. 그렇게 함으로써 이 책의 저자는 정말 간단하고 현명하게 역사를 기술할 수 있었다.

역사적 사건이나 명언처럼 한 사람이 한 말이라고 해도 바위처럼 변하지 않는 것은 아니다. 사람에서 사람으로 전달되는 과정에서 왜곡되고 과장되고 심지어 전혀 다른 모습으로 바뀌기도 한다. 유명한 사람에게는 그 사람이 하지 않는 말도 그가 한 말로 둔갑하기도 한다. 역사적 명언도 그렇게 탄생하기도 하는 것이다.

하지만 그렇게 왜곡되고 변질되었다고 그 말이 지닌 의미가 사라지는 것은 아니다. 왜곡과 변질 자체에도 역사적 의미가 있기 때문이다.

"너 자신을 알라."라는 유명한 말을 생각해 보자. 소크라테스 이전에 이런 말을 한 사람이 한 명도 없었을까? 아닐 것이다. 사실 그리스 델포이 신전에 새겨진 말이라고도 한다. 델포이 신전에 새겨지기 전에는 그 말이 없었을까? 아닐 것이다. 그런데도 그 말을 소크라테스가 했다는 것이 전혀 틀린 것은 아니다. 소크라테스 이전에 누구도 "너 자신을 알라."라는 말을 소크라테스만큼 논리적으로 학술적으로 그 의미를 잘 전개한 사람이 없었을 것이기 때문이다. 그런 면에서 역사적 '사실'과는 별도로 그 말을 소크라테스가 한 말로 전해지는 것이 그렇게 잘못된 것은 아닐 것이다. 과학사에 나오는 많은 명언도 그러한 속성에서 벗어날 수는 없다. 이 책에서는 명언에 대한 고증과 더불어 그 말이 만들어지고 변형되거나 왜곡되는 현상까지 쉽고 재미있게 그리고 있다.

과학은 사람이 만들어 낸 것이다. 하지만 문학이나 예술과 달리 과학에서 사람 냄새를 맡기는 어렵다. 뉴턴의 운동법칙 $F = ma$을 보자. 이 공식에는 뉴턴이 보이지 않는다. 이 공식을 이해하고 이 공식으로 문제를 해결한다고 이 공식을 정말 다 아는 것은 아니다. 뉴턴의 생각이 이 공식 속에 모두 녹아 있는 것도 아니다.

《장자》의 〈천도〉 편에 수레바퀴 깎는 노인 이야기가 나온다. 윤편이라는 이 노인이 궁궐의 마당에서 수레바퀴를 깎고 있는데 대청마루에서 임금이 글을 읽고 있었다. 윤편이 묻는다. "대왕께서는 무슨 책을 읽고 계십니까?" 임금이 말하기를 "성현의 말씀을 읽고 있노라." 그러자 윤편이 "대왕께서는 그 성현의 찌꺼기를 읽고 계시군요."라고 했다. 대왕이 노발대발하며 "성현의 말씀을 찌꺼기라니! 네가 그 말을 제대로 해명하지 못하면 큰 벌을 면치 못하리라!"라고 하자 윤편이, "제가 이 나이가 되도록 이 수레바퀴 만드는 법을 아무에게도 전하지 못하고 아직도 제가 손수 할 수밖에 없는 것은 이 수레바퀴 축이 들어가는 구멍이 조금만 커도 헐거워 안 되고 조금만 작아도 축이 들어가지 않습니다. 헐겁지도 부족하지도 않게 깎는 법을 저는 알고 있지만 이 방법을 글로 쓸 수도 말로 할 수도 없어 제 자식 놈에게조차도 전수하지 못하고 있습니다. 그 책을 쓰신 성현께서도 저처럼 이렇게 글로 쓸 수 없고 말로 표현할 수도 없는 것이 있지 않았을까요? 그 성현이 글로 쓸 수 없었고 말로 표현할 수도 없었던 바로 그것이 그 책에 쓰인 내용보다 더 중요한 것 아니었을까요? 그것이 성현의 찌꺼기가 아니고 무엇이겠습니까?"라고 했다. 이에 임금이 탄복하고 그 노인을 칭찬했다는 이야기다.

뉴턴이라고 그런 면이 없었을까? 과학을 포함한 모든 이론은 사람이 만든 것이고 사람이 불완전하듯 과학 이론도 불완전하다. 이 불완전한 이론에서 사람 냄새를 제거하고 나면 마치 완전한 것처럼 둔갑하는 것이다. 이 책은 과학의 명언에 얽힌 이야기를 통해 과학에 사람 냄새를 불어넣어 주고 있다.

감수의 글

과학 이론에 사람 냄새를 제거해 버리는 것이 과학의 완전함을 증명하는 것은 아니다. 완전을 가장하고 있을 뿐이다. 과학은 완전하지 않다. 이 책에서는 과학의 명언과 그 명언과 관련된 과학자를 통해 과학에 사람 냄새를 불어넣고 있다. 과학에 사람 냄새를 불어넣음으로써 과학이 이 가장된 완전함에서 벗어나 자신의 참모습을 좀 더 독자들에게 드러내 보여 주고 있다.

과학이 완전하지 않다고 인식하는 것은 일반인은 물론 과학을 공부하는 사람에게도 매우 중요하다. 과학에 대한 불필요한 두려움이나 과도한 믿음에서 벗어나야 과학에 더 친근하게 다가갈 수 있고 과학을 공부하는 학생에게는 도전감을 심어 줄 수 있기 때문이다.

한 가지 아쉬운 점은 저자가 지적했듯이 이 책에는 여성과 동양의 과학자에 대한 부분이 빠져 있다는 것이다. 그것이 중요하지 않아서가 아니었을 것이다. 앞으로 이 《10대를 위한 한 줄 과학》의 후속편이 나올 것으로 기대한다.

이 책은 명언을 통해 과학적 사건과 과학의 내용을 쉽고 재미있게 풀어썼다. 하지만 쉽고 재미있다고 내용을 다 이해할 수 있다는 말은 아니다. 과학의 핵심 내용을 이해하는 것은 그리 간단한 일이 아니다. 그래서 이 책에서는 각 글 말미에 함께 읽으면 좋은 책을 소개해 주고 있다. 이런 책들을 함께 읽는다면 본문의 내용을 더 깊이 있게 이해할 수 있을 것이다.

이 책을 통해 많은 사람이 과학에 친근하게 다가가고 과학을 더 잘 이해하는 계기가 되기를 바란다.

권재술(한국교원대학교 명예교수)

제3장 정복한 과학

제4장 생명과 진화

제5장 도전하는 과학

제1장
고대 과학

"유레카! 유레카!"

유레카란 고대 그리스어로 '뜻밖의 발견'을 했을 때 외치는 말이다. 아르키메데스는 하나의 원리를 발견하자마자 "찾았다! 내가 찾았어!"라고 소리쳤다.

'아르키메데스의 원리'를 알아냈을 때 그는 너무나 기쁜 나머지 흥분해 발가벗은 채 환호성을 지르며 고향 마을 시라쿠사의 거리를 활보하고 지나가는 사람들에게 말을 걸었다고 한다. 그는 물체를 담갔을 때 그 물체가 위로 작용하는 압력(부력)은 밀려난 액체의 무게와 같다는 사실을 발견했다.

아르키메데스는 목욕탕에서 무엇을 고민했을까? 그가 유레카를 외친 날로부터 불과 며칠 전 시라쿠사의 왕 히에론 2세는 금

세공사에게 순금 왕관을 주문했다. 왕관은 신에게 바쳐질 예정이었다. 세공사는 왕관에 필요한 양의 금을 전달받아 왕관을 제작했다. 그런데 한 밀고자가 나타나 세공사가 왕에게서 받은 금의 일부를 빼돌리고 왕관에 은을 몰래 섞었다고 폭로했다.

사실 이는 고대 그리스 세공사 사이에서 드물지 않은 수법이었다. 이들은 귀금속을 위조하는 수법과 실력이 매우 뛰어나 순금과 합금을 식별하기 어렵게 만들었다. 이에 히에론 2세는 독보적인 기술자이자 저울을 다루는 데 거장이던 아르키메데스에게 부정행위를 입증하라는 임무를 맡겼다. 그때는 이런 일을 해결할 때 저울로 똑같은 부피의 귀금속 무게를 재고 비교해 다른 재료가 섞였는지 확인하고는 했다. 그런데 왕관의 복잡한 형태 때문에 부피를 측정하기가 어려웠고(고고학자들의 말에 따르면 왕관은 화환 모양이었다고 한다) 더욱이 왕관의 금속 일부를 떼어내거나 망가뜨린다는 것은 어림없는 일이었다.

이를 고민하던 아르키메데스는 어느 날 대중목욕탕에 갔다가 목욕 도중 욕조 밖으로 흘러넘친 물의 양이 물에 잠긴 몸의 부피와 같다는 것을 문득 깨달았다. 몸을 욕조 안으로 깊숙이 밀어 넣을수록 욕조 물이 밖으로 흘러넘쳤다.

아르키메데스는 자신의 임무를 드디어 해결할 수 있으리라 생각했다. 물을 가득 채운 용기 속에 무게는 같지만 부피가 다른 두 물체를 넣었을 때 용기 밖으로 흘러넘치는 물의 양은 같지 않을 것이기 때문이다. 이를테면 은은 금보다 밀도가 낮은 금속이므로 같은 무게라도 더 많은 공간을 차지한다. 따라서 왕관이 순금으로 만들어졌는지 아닌지 확인하려면 왕관과 동일한 무게의 순금을 물에 넣고 밖으로 흘러넘치는 물의 양을 측정한 후 동일한 무게의 순은을 넣고 밖으로 흘러넘치는 물의 양을 측정해 비교하면 된다.

이 경우 순은이 부피가 더 크기 때문에 순금보다 더 많은 물이 흘러넘친다. 이제 문제의 왕관을 물이 담긴 용기에 넣고 용기 밖으로 흘러넘친 물의 양을 측정만 하면 되었다. 만약 왕관을 넣고 측정된 물의 양이 앞서 순금과 순은을 따로 넣고 측정한 물의 양의 중간 값이라면 왕관에 은이 섞여 있다는 사실을 증명할 수 있는 것이다. 이 방법은 당시 위조자들을 분명히 당황시켰을 것이다.

아르키메데스의 이 일화는 고대 로마의 건축가 비트루비우스가 기록했다. 그런데 그는 아르키메데스가 살던 시대보다 200년 후대 사람인 데다가 기술적인 세부 묘사를 꼼꼼히 기록하지 못했다. 사실 아르키메데스가 살던 시대에 사용하던 측정 도구로는 앞서 언급된 무게를 측정해 비교하는 작업이 성공할 수 없었을 것이다. 추정되는 왕관의 모양을 고려하면 물이 밀려 올라간 높이는 밀리미터도 되지 않아 아르키메데스가 이러한 낮은 수치를 어떻게 잡아낼 수 있었는지 상상하기 힘들다.

그런데 이보다 더 큰 문제가 있다. 이 측정 방법으로는 그 유

명한 감탄사가 탄생한 아르키메데스의 원리가 나올 수 없다. 앞서
말했듯이 두 금속을 각각 넣었을 때 물이 넘치는 양의 차이는 부
피의 차이로만 나오는 결과이므로 이러한 경우 그 유명한 아르키
메데스의 '부력'을 계산하는 것은 소용이 없다! 잘못된 것이다. 혹
시 아르키메데스가 천칭(저울의 하나로 가운데에 줏대를 세우고 한쪽에 물건,
다른 쪽에 추를 놓아 무게를 단다—옮긴이)을 사용했을까? 천칭이라면 좀
더 설득력 있을 수 있다. 정확한 천칭에 동일한 무게의 은이 섞인
왕관과 순금 왕관을 각각 매달고 물을 담은 용기 안에 두 왕관이
걸린 천칭을 넣으면 물속으로 들어갈 때 두 왕관의 무게가 '분명
히 같지 않다.'는 사실을 알아냈을 수도 있다.

　　부피가 좀 더 큰 은이 섞인 왕관의 경우, 순금 왕관보다 액체의
부력이 좀 더 커 물속으로 들어가면 순금 왕관보다 가벼워질 것이
다. 아르키메데스가 이러한 측정 방법을 적용했다면 단번에 원리
를 직감하고 왕실 문제를 해결했을 것이라고 추정할 수 있다. 하
지만 그날 정말 무슨 일이 있었는지 알 수 있을까?

　　이러한 의구심은 이미 프랑스 작가 귀스타브 플로베르가 《통
상 관념 사전》책세상, 2003을 통해 "아르키메데스의 이름은 항상 유레
카라는 말과 연관된 역사적 클리셰(cliché, 진부하거나 틀에 박힌 표현—
옮긴이)"라고 지적했다. 이러한 '전설'은 고대 그리스 로마 시대의
물리학을 올바로 평가하기보다 우리의 편견을 부추기고 있는 것
은 아닐까? 욕조에서 지적 깨달음을 얻고 행복감에 이성을 잃어

옷을 입는 것도 잊은 천재적이지만 산만한 과학자의 판에 박힌 이야기를 그냥 내버려 두는 것이 학문을 연구하는 것보다 쉽지 않을까?

 함께 읽으면 좋은 책

《과학에 관한 작은 신화 : 아르키메데스의 목욕통에서 로렌츠의 나비까지》
아르키메데스의 목욕통은 명품 욕조였을까, 아니면 단순한 나무통이었을까? 방대한 지적 유산을 남기며 상식이자 신화가 된 과학자들의 다양한 이야기를 연대기 순서로 소개한다.

스벤 오르톨리·니콜라스 비트코브스키 지음, 문선영 옮김, 에코리브르, 2009.

아르키메데스

• 유클리드 •

고대 그리스의 수학자, B.C.330~B.C.275

"위와 같이 증명한다"

Q.E.D.는 라틴어 "Quod Erat Demonstrandum(위와 같이 증명한다)."을 줄인 말이다. 유클리드가 자신의 저서이자 수학 역사상 가장 유명한 책《기하학 원론》에서 증명이 끝났음을 알리면서 '증명 끝'이라는 의미로 사용했다. 무려 13권인《기하학 원론》은 기원전 300년경 이후 수 세기 동안 필사되어 옮겨지고 또 옮겨지다가 인쇄가 보편화되면서 수많은 언어로 번역되어 널리 소개되었다. 우스갯소리로 이 책의 유일한 경쟁 상대는 성경이라고도 한다. 하지만 책의 유명세에 비해 유클리드에 대해서는 거의 알려진 바가 없다. 그가 어떤 사람이고 무엇을 했고 무엇을 발견하고 증명했는지 알 길이 없다.《기하학 원론》이 선대 수학자 에우독소

스와 테아이테토스 등의 연구를 참조한 것은 분명하다. 그렇다면 유클리드는 지식을 전달하는 교육자였을까? 혼자 이 책을 집필했을까? 아니면 다른 수학자들의 연구를 지휘했을까? 궁금하다. 어떻게 써졌는지도 모르는 책이 어떻게 인류 역사의 상당 기간 동안 수학 교육의 중심에 있었던 것일까?

아마도 《기하학 원론》이 과거로부터 우리에게 전해진 책 중에 정확한 과학을 적용한 첫 번째 책이기 때문이 아닐까? 이 책이 단순히 선대 수학자들의 연구 결과를 소개했더라도, 유클리드가 그들의 연구를 체계적인 구조에 따라 한곳에 모아 설명했다는 기여도는 인정해야 한다. 고대 그리스가 아닌 다른 수학자들은 타당성을 증명하는 하나의 체계를 만들어 자신들의 지식을 변환하는 것을 시도하지 않았다(설령 그러한 시도가 있었더라도 아직 그러한 흔적은 밝혀진 것이 없다). 이집트인, 메소포타미아인 할 것 없이 많은 사람들은 수학을 측량, 건축, 회계나 교역에 적용되는 계산 기술의 발전 기반으로 생각했다. 이를테면 '응용수학'처럼 말이다. 그래서 몇몇 고대 그리스 과학자들, 아마도 유클리드보다 앞선 시대에 살았을 그들은 새로운 증명을 제시하라는 요구를 받아들였다. 논증을 통해 일부 명제를 증명하는 것, 즉 '수학적으로 참인 명제'인 정리定理를 만들었다. 그리고 유클리드는 후세대를 위해 이러한 논증 과정에 표준 형식을 만들어 기본적인 증명 체계를 세웠다. 증명을 전개하기 위해 유클리드는 기준 명제로 정해야 하는 '공리公理'와 앞서 말한 '정리'를 신중히 구분했다. 따라서 이를 증명하지 않고서는 사실상 아무것도 전개하지 못한다. 이를테면 피타고라스의 정리처럼 여러 명제를 기반으로 추론 과정을 거쳐 각 명제의 참이 증명되는 것이다. 《기하학 원론》은 이렇게 엄밀한 조건이 전체에 적용되어 그 자체가 진정한 '공리적' 체계가 되었다. 그리고 순수 수학(응용보다 이론을 주로 연구하는 수학—옮긴이)처럼 수학 고유의 가치 속에서 수학의 진가가 발휘되는 데 큰 역할을 했다.

그렇다고 기하학이 해결해야 할 '숙제'를 잊은 것은 아니었다. 《기하학 원론》에는 건축 문제—이런저런 특징을 지닌 어떤 도형을 어떻게 지을 것인가 등—도 포함되었으며 각각의 건축 해법에 대한 타당성이 증명되었다. 이처럼 일부 정리들이 건축 과제에 적용되는 것처럼 건축 문제의 해법이 나중에 다른 정리를 증명하는 데도 사용되었다. 그래서 건축 과제마다 해법이 "Q.E.D."라는 똑같은 문장으로 끝나는 것은 우연이 아닌 필연이었던 것이다. 유클리드의 논증 체계에서는 그 어느 것도 논리적인 엄격함에서 벗어날 수 없는 것처럼 보인다.

수 세기에 걸쳐 수학자뿐만 아니라 물리학자나 철학자 등 많은 학자들에게 유클리드의 《기하학 원론》은 기본 수업이자 연역 과정의 궁극적 모델이었다. 어쩌면 불확실한 공론이나 논쟁, 혼란한 시대의 도피처였을 수도 있다. 이렇게 엄밀한 수준에 도달하려는 사람들, 기하학의 방식으로 맥락을 되풀이하려는 사람들, 마지막에 "위와 같이 증명한다."라는 용어로 끝을 맺으며 모든 게 확실하다는 도장을 찍으려는 사람들이 셀 수 없이 많았기 때문이다.

'세계 최초의 수학 교과서'라 불리는 이 책과 함께하는 이들은 분명 앞으로도 많을 것이다.

 함께 읽으면 좋은 책

《유클리드의 창 : 기하학 이야기》
그리스인의 평행선 개념부터 최근의 고차원 공간 개념에 이르는 기하학의 역사를 다섯 번의 기하학 혁명—유클리드, 데카르트, 가우스, 아인슈타인, 위튼—을 통해 안내한다.

서레오나르드 믈로디노프 지음, 전대호 옮김, 까치, 2020.

"자연은 불필요한 것을 만들지 않는다"

박학다식한 학자 아리스토텔레스는 생물학 연구에도 큰 기여를 했다. 흔히 그를 추상적인 철학적 문제에만 매달렸던 사람으로 알고 있지만 그의 기념비적인 책들 중에 현재까지 남아 있는 3분의 1은 오늘날 생물학에 속한다.

아리스토텔레스는 살아 있는 존재는 모두 이성으로 이해할 수 있다고 보았다. 즉, 동물의 구조는 우연히 만들어진 사건이 아니며 하나의 순리이자 구조화된 조직으로 엄격한 학문의 대상이 될 수 있다고 생각했다. 여기에 아리스토텔레스의 주장을 잘 이해시키기 위해 어김없이 등장하는 문장이 있다. 이 말은 아리스토텔레스가 동물의 운동에 대해 쓴 짧은 개론인 《자연학 소론집》이제이북스,

에서 참명제로 제시한 말이다.

"자연은 어느 것도 헛되이 만들지 않는다. 자연은 각 동물의 본질에 상응하는 여러 가능성 중 항상 최고를 구현한다."

'헛되이'라는 말은 여기서 쓸모없는, 필요 없는, 목적이나 기능이 없는 것을 의미한다. 예컨대 아리스토텔레스는 '물은 공기처럼 보는 것을 방해할 수 있는 물질이 아니기 때문에' 물고기들에게 눈꺼풀이 없는 것이라고 말했다. 눈꺼풀 같은 보호기관이 물고기에게 무슨 쓸모가 있을까? 마찬가지로 물고기는 체온을 내리는 기능을 하는 아가미가 있기 때문에 기능이 중복되는 허파가 필요하지 않다. 또 반대로 허파가 있는 동물은 아가미가 필요 없다.

이렇듯 자연은 생물이 사용할 수 없거나 생물에게 해로운 기관이나 능력을 주지 않는다는 것이다. 아리스토텔레스는 자연이 일반적으로 관찰되는 여러 가능성 중 궁극적인 방식으로 생물들에게 몸을 구성하도록 지시한다고 주장했다. 적어도 앞서 언급한 생물들을 보면 이해할 수 있는 가능성이기는 하다.

몇 가지 예외를 제외하고 아리스토텔레스의 논리 전개는 자연이 만든 작품의 우수성을 시사한다. 하지만 근대 생물학은 아리스토텔레스의 주장과 거리를 두었고 특히 진화론이 등장한 이후 그 차이는 커졌다. 생물의 몸이 기능면에서 완벽해 보여도 엄청난 시

아리스토텔레스

간이 흐르는 동안 자연 선택이 작용하면서 몸의 기능이 계속 개
선된다는 사실을 영국의 의사 찰스 다윈이 밝혀냈기 때문이다. 그
래서 그 과정 중에 수많은 생물들이 '결점'이라고 할 수 있는 불필
요한 부분을 가지고 있었을 수 있다. 이러한 일부 생물이 가진 퇴
화된 구조의 기원을 다윈이 알아낸 것이다. 예를 들면 고래는 몸
의 뒤쪽 깊은 곳에 작은 발뼈가 있다. 오랫동안 발을 사용하지 않
았던 고래의 발뼈는 육지에 살던 고래 조상이 사용하던 진짜 발의
흔적이다. 다시 말해 완전히 사라지지 않고 서서히 퇴화된 몸의
일부인 것이다.

다윈은 이러한 일부가 생물에게 해롭지 않다면 '무용하다는
도장이 찍힌 상태'로 생물의 기관으로 존재한다고 결론 내렸다.
재미있는 것은 여기서 인간도 예외가 아니라는 점이다! 이를테면
인간은 '보습 코 기관'이라는 코 안쪽의 보조적인 후각 기관을 가
지고 있다. 인간의 아주 먼 조상들은 페로몬과 같은 화학 신호를
탐지하는 데 이 기관을 사용했지만 오늘날 이것은 그 기능을 하지
않는다. 이 기관이 다른 감각 경로—특히 시각—에 의해 사라지지
않았다면 어쩌면 인간관계는 더 풍성해졌을지도 모른다.

하지만 단호한 경제 원리처럼 자연이 오랫동안 인간이나 다
른 생물에게 불필요한 부분을 무조건 축소하는 것은 아니다. 근
대 생물학에서 배우는 것처럼 체계적으로 작용하지는 않는다는
뜻이다.

이렇듯 아리스토텔레스의 의견과 다윈의 진화론 사이에는 뉘앙스의 차이가 크지만 수 세기 동안에도 사람들은 아리스토텔레스에게 돌을 던지지 않았다! 아리스토텔레스가 가진 세계관처럼 영원히 변하지 않는 종들이 사는 세계에서는 동물의 구조가 이상적인 계획 아래 실현된 것이 아닌, 시간이 흐르면서 진행되는 일종의 방대한 작업의 결과물임을 이해하는 것은 매우 어려운 일이었기 때문이다.

 함께 읽으면 좋은 책

《판다의 엄지 : 자연의 역사 속에 감춰진 진화의 비밀》
진화 생물학의 역사를 다양한 과학 이슈부터 성차별, 장애인 차별 등의 사회 문제까지 다루며 보여 준다. 과학에 선입견이 결합되면 어떤 식으로 오용될 수 있는지 생생히 그려 냈다.

스티븐 제이 굴드 지음, 김동광 옮김, 사이언스북스, 2016.

아리스토텔레스

• 데모크리토스 •

고대 그리스의 철학자, B.C.460?~B.C.370?

"세상은 원자와 빈 공간이다"

소크라테스와 동시대 사람이자 학식의 폭이 넓었던 데모크리토스는 50여 개의 개론을 쓴 고대 그리스의 주요 사상가로 꼽힌다. 그런데 안타깝게도 그가 쓴 책 중 남아 있는 것은 단편 몇 권뿐이다. 그의 견해가 담긴 짧은 글들도 있지만 일부는 신뢰성이 의심스럽고, 데모크리토스가 영향을 받은 듯한 사상가들의 것과 구분되지 않았다. 예컨대 상대적으로 덜 알려진 고대 그리스의 철학자 레우키포스가 쓴 글인지 데모크리토스가 쓴 글인지 구분되지 않는다는 뜻이다. 아무튼 이렇게 오늘날까지 남아 있는 데모크리토스의 글 중 하나는 "세상은 원자와 빈 공간이다. 그 나머지는 의견일 뿐이다."라는 장엄한 문장으로 시작된다. 이 문장은 무엇을 의미할까?

데모크리토스는 인간을 둘러싼 모든 것—태양, 물, 공기, 미네랄, 식물과 동물 등—을 가장 작은 조각으로 쪼갤 수 있으며 작은 조각 자체를 더 작은 크기로 나눌 수 있지만 그렇다고 이러한 분리 과정이 무한한 것은 아니라고 생각했다. 무엇이 되었든 더는 '쪼개질 수 없는 순간'이 올 것이기 때문이다. 이 미세한 부분이 바로 '원자(그리스어로 나눌 수 없다는 뜻의 '불가분'을 의미한다)'이며 세상 만물의 기본 성분이다. 데모크리토스는 더는 쪼개질 수 없는 입자들은 크기와 모양이 각각 다르다고 설명한다. 매끄럽거나 울퉁불퉁한 모양, 갈고리나 둥근 모양, 오목하거나 볼록한 모양 등 다양하다는 것이다. 그러나 모양과 상관없이 원자들은 속이 꽉 차 있고 단단하며 불변하고 변질되지 않는다고 했다.

그렇다면 이러한 원자들은 무엇을 할까? 원자들은 가만히 있지 않고 빈 공간에서 움직이며 서로 부딪히고 뛰어오르거나 각각의 원자가 가진 모양과 갈고리에 의해 잠시 서로 응집된다. 서로 주변을 빙빙 돌다 어김없이 달라붙거나 낀다(유명한 '갈고리형 원자'의 조상이라고 할 수 있을 정도의 결합력이다). 그런데 원자들은 서로 다시 결합되더라도 움직임을 완전히 멈추지 않고 얽힌 상태를 다시 쪼개려는 성향이 있다. 원자들은 흔들림이나 충돌의 영향으로 언제든 분리되고 다시 충돌하고 결합된다. 그리고 이러한 과정은 끝없이 반복된다. 데모크리토스는 이렇듯 원자가 다양한 모양을 가지고 끊임없이 움직이면서 만든 수많은 배열과 결합에서 세상 만물이 비롯된다고 주장했다. 마치 알파벳 문자가 다양한 의미와 소리에 따라 문장을 무한히 만들 수 있듯이 여러 단순한 모양이 복잡한 혼합물로 완전히 결합될 수 있기 때문이다. 그러면서 원자들의 배열은 시간이 흐르면서 다양해지지만 원자 자체는 영원히 변하지 않는다고 보았다.

이러한 원자 대부분은 우리가 만지거나 식별하기에는 너무 작다. 원자는 뜨겁지도 차갑지도 않고 흰색이나 검은색도 아니고 달거나 쓰지 않다고 데모크리토스는 주장했다. 원자들로부터 구성된 물질들의 색상, 맛, 소리나 냄새를 사람이 식별해 사물에 성질을 부여할 뿐이다. 이러한 물질에서 빠져나온 조각이 사람에게 닿으면 물질은 우리의 기관을 변화시켜 따뜻하다거나 흰색이라거나 쓴맛이 난다는 의견을 불러일으킨다. 결국 사람이 물질에 부여한 감각적 특징은 문화적 의견이나 합의에 속할 뿐 사물의 진정한 존재를 정의하지는 않는다는 것이다.

데모크리토스는 빈 공간을 떠돌아다니거나 서로 뒤얽힌 원자들의 위치, 모양, 배열, 움직임을 통해 모든 것을 설명할 수 있다고 주장했다. 새로운 물질도 모두 원자들의 일시적인 결합이며 모든 퇴화나 소멸은 결국 원자들의 분리일 뿐이다. 인간의 출생과 죽음도 마찬가지다. 게다가 데모크리토스는 영혼과 신도 빈 공간에서 작용하는 일시적인 결합에 불과하다고 보았다! 이러한 개념은 자

첫 단순하면서 사변적인 것으로 보일 수도 있다. 사실 데모크리토스는 이 개념을 증명할 적합한 방법까지는 있지 않았다. 그럼에도 불구하고 그의 직감은 수 세기를 가로질러 왔고 쪼개지지 않는 원자 이론은 과학의 역사를 떠나지 않았다. 화학의 '기본 단위'를 원자라고 부르게 된 것은 우연이 아니다. 데모크리토스가 예감했듯이 원자의 결합은 바로 움직이지 않거나 살아 있는 물질의 다양성이기 때문이다. 하지만 원자들이 쪼개져 가장 작은 입자(전자나 쿼크)가 되었다는 점은 잊지 말자. 어원에는 분명히 모순점이 있다!

⁂ **함께 읽으면 좋은 책**

《원자 : 만물의 근원에 관한 모든 것》
원자 개념의 발전 과정, 기본 구조, 원자 간 상호 작용, 원자핵이 가진 힘, 아원자 입자들로 이루어진 양자역학의 세계와 함께 반도체, 레이저, 방사능, 핵반응 등 원자에 기반한 기술도 살펴본다.

잭 챌로너 지음, 장정문 옮김, 소우주, 2019.

고대 그리스의 자연과학자, B.C.287?~B.C.212

"내게 지렛대를 하나 주게나. 내가 지구를 들어 올리겠네"

고대 수학자 파푸스는 아르키메데스가 "내게 지렛대를 하나 주게나. 내가 지구를 들어 올리겠네."라고 말했다고 전했다. 아르키메데스의 이 발언은 허세라기보다 과장이 아니었을까? 아르키메데스는 지렛대 사용을 엄밀히 연구했던 초기 학자 중 한 명이다. 반대쪽에 놓인 물체를 들어 올리기 위해 지렛대 끝에 가해야하는 무게는 '받침점과 물체 사이의 거리'와 '들어 올려야 하는 물체의 무게'에 의해 좌우된다. 이는 시소에 탄 어린이들의 모습을 그려 보면 이해할 수 있다. 맞은편에 앉아 있는 아이가 시소의 축을 중심으로 회전하는 받침점으로부터 멀리 떨어져 앉아 있을수록 그 아이를 들어 올리기 위해 반대편에서는 더 많은 힘을 가해야 한다. 아르키메데스는 이러한 거리와 무게의 비례 관계를 더 구체적으로 설명했다. 즉, 균형을 유지하기 위해서는 들어 올려야 하는 물체와 받침점 사이의 늘어난 거리만큼 들어 올리려는 물체의 무게를 줄여야 균형을 이룰 수 있다는 것이다. 예컨대 들어 올려야 하는 물체와 받침점 사이의 거리가 2배 더 멀어졌다면 균형 상태로 만들기 위해 물체의 무게를 2분의 1로 나눠야 한다. 그런데 여기에는 한 가지 문제가 있다. 시소의 한쪽(힘을 가하는 쪽)을 길게 늘일수록 힘을 가하는 사람이 받침점으로부터 멀어지면서 반대쪽에 놓인 물체를 점점 더 쉽게 들어 올릴 수 있다고 말하기 때문이다. 즉, 지렛대에 힘을 가하는 사람이 받침점으로부터 충분히 먼 거리에 있다면 원하는 만큼 무거운 물건을 심지어 지구까지도 이론상으로 들어 올릴 수 있다고 표현한 것이기 때문이다.

당연히 아르키메데스의 '지렛대' 이야기를 곧이곧대로 받아들여서는 안 된다. 그때는 지구가 오늘날처럼 자전한다는 상식을 가졌던 것도 아니고, 고정되어 있다고 가정하는 지구 중심적 세계였다. 여기서 아르키메데스는 어떻게 지구를 이동시키겠다는 생각을 할 수 있었을까? 예를 들어 평균 성인 남성 몸무게를 가진 A가 지구를 들어 올리겠다고 결심해 지구에서 1미크론(micron, 1미터의 100만분의 1에 해당하는 길이 단위―옮긴이) 떨어진 지점에 받침점을 설치했다고 가정하면, 대충 계산해도 이미 A는 수백만 광년 떨어진 지렛대의 끝에서 힘을 가하며 위아래로 움직이고 있어야 한다는 결론이 나온다. 더구나 이 모든 것은 지구를 단 1미크론만 이동했다는 가정에서 나온 결과다(지렛대의 재질, 위치, 실제 극복할 수 없는 기타 문제들은 고려하지도 않았다는 점도 기억하자)!

이렇게 비현실적인 지렛대 명언에는 아르키메데스가 인간의 근력 한계는 오직 이론적 문제라고 생각했다는 부분이 내포되지 않았다. 사실 아르키메데스는 지렛대와 도르래라는 기발한 장치를 개발해 인간 근력의 한계를 넘어 물체를 들어 올릴 수 있게 만든 인물이다. 시라쿠스의 왕 히에론 2세와 가까이 지내던 그는 거대한 기계를 만드는 데 자신이 가진 모든 지식을 동원했다. 당시 가장 큰 선박인 '시라쿠시아'는 아르키메데스가 고안했던 것으로 보인다. 총 길이 55미터에 약 2,000명을 태울 수 있었고 안에는 도서관과 수영장, 체육관이 있었다. 시라쿠시아를 바다에 띄우기 위해 선박 크기에 맞게 제작된 도르래조차 엄청나게 클 정도로 이 배는 매우 거대했다. 그러면서 예기치 않게 인간의 힘은 더욱 커졌다. 선박을 물 위에 띄우기 위해 도르래에 힘을 가하는 사람은 한 명이면 충분했기 때문이다. 아르키메데스의 활약에 크게 놀란 왕은 그날 이후 "아르키메데스의 말은 모두 믿어야 한다."라고 선언했을 정도다!

아르키메데스는 로마군으로부터 아군의 대형 선박을 보호하기 위해 어마어마한 거대 투석기와 강철 무기를 개발했다. 강철 무기에 달려 있는 거대한 갈고리가 기중기에서 투척되면 갈고리가 적의 선박에 걸리고 거대한 평형추가 배의 후미를 치면서 적군의 배 전체를 들어 올렸다. 그러면 뒤집히거나 바위와 충돌해 산산조각 났다. 이렇게 엄청나게 기발한 무기를 개발했음에도 불구하고 아르키메데스가 살던 도시는 2년 동안 공격을 당하다가 결국 함락되었다. 전쟁 중에도 계산에 심취해 있던 아르키메데스는 적군의 손에 죽었다. 죽는 순간까지도 연구에만 몰두한 것이다.

 함께 읽으면 좋은 책

《아르키메데스 : 그가 유레카를 외친 것 이외에 무엇을 했을까?》
아르키메데스를 둘러싼 전설과 사실, 그리고 위대한 업적을 수학적으로 진지하게 담았다. 그가 어떻게 적분 개념을 창안했는지, 그 근본적인 착상 또는 직관은 무엇인지, 아르키메데스의 수학적 창조의 세계를 보여 준다.

셔먼 스타인 지음, 이우영 옮김, 경문사, 2018.

아르키메데스

· 갈레노스 ·

고대 그리스의 의학자, 129?~199?

"모든 동물은 성교 후 우울하다"

유명한 라틴어 문장인 "모든 동물은 성교 후에 우울하다."에는 사실 한마디가 더 붙는다. "단, 수탉과 여성은 제외다!"

고대 그리스의 의사 갈레노스가 했다고 전해지는 이 말은 오늘날 혹자들의 실소를 터뜨린다. 동물들은 교미 후에 우울감을 느낀다? 결합 이후 고독감과 죄책감 또는 상실감을 가진다? '우울, 권태, 그리움' 그런 감정을 안다? 만약 이것이 사실이더라도 갈레노스는 이것을 어떻게 알았을까?

신경계와 약리학, 식이요법에 대해 그가 쓴 500여 권의 책과 연구 논문은 의학 과학의 역사에 큰 영향을 미쳤다. 그의 저서들은 15세기까지 참고서로 사용되었고 한참 세월이 지나서야 내용에 대한 의문이 제기되었다. 더욱이 갈레노스가 사람을 창조한 유일신의 존재를 믿었기 때문에 종교 권력은 갈레노스를 지속적으로 지지했을 것이다. 그래서 갈레노스의 견해를 반대하는 것은 교회를 반대하는 것이었다. 성교 후에 우울하다는 주장은 인간의 타락한 본성에 주어지는 일종의 징벌로 신학자들의 기분을 상하지 않게 하려는 말이었다고 추측할 수 있다.

그런데 여기에는 미덥지 않은 부분이 있다. 저 문장이 담고 있는 성 본능과 여성에 대한 멸시는 물론 애초 갈레노스는 라틴어가 아닌 그리스어를 썼기 때문이다. 어쨌든 인간을 예로 들면, 보통 자연스럽게 서로의 몸이 떨어진 후 동반되는 이완이 결합을 지배하던 정신적 흥분과 결합을 향한 열망에 뒤이어 온다. 성관계 이후 종종 평온해지거나 차분해지는 것은 우연이 아니라는 뜻이다.

오늘날 성교는 이완과 졸음을 유도하는 뇌 물질을 분비한다는 사실이 밝혀졌다. 물론 여기에는 엄격한 의미에서의 '우울감'이 포함되지 않지만 부분적으로 생기는 허탈감은 생리적 반작용의 영향일 수 있다. 만약 우울한 기분이 계속 이어진다면 '성교 후 불쾌감'이라는 기분장애 진단을 받을 수도 있다. 실제로 기분장애를 겪는 사람이라면 지속적인 우울감이나 경우에 따라 수치심, 혼란, 잦은 신경질 같은 증상들에 사로잡힐 위험이 높다. 남성과 여성의 차이에 대한 여러 연구는 성관계가 여성에게 신체적으로 특정한 영향을 미치며, 평균적으로 오르가슴 이후 오는 피곤함을 남성보다 늦게 또는 덜 느낀다고 보고하고 있다. 결국 갈레노스의 주장이 완전히 잘못된 것은 아니라는 말일까?

문제는 우리가 인간을 제외한 동물이 느끼는 성교 후 감정에 대해 전혀 모른다는 점이다. 갈레노스의 말은 너무 모호하고 의인화되어 있다. 한편으로 어쩌면 일부 동물은 인간과 그리 멀리 떨어져 있지 않을 수도 있으리라. 인간의 사촌 격인 보노보(bonobo, 유인원과의 포유류—옮긴이)처럼 사회 관계를 유지하는 데 성생활을 이용하는 동물도 있기 때문이다. 영장류들은 우리가 알고 있는 것처럼 싸움이나 긴장된 상황에서 가지는 성관계는 꼭 번식 목적이 아니더라도 동물들을 진정시킨다. 이는 성생활이 유인원의 정서와 사회 관계에 중요하다는 것을 알려 준다.

마지막으로 수탉은 어떨까? 어쩌면 수탉의 감정이 매우 풍부할 수도 있겠지만 인간은 여전히 수탉의 기분을 알 수 없다!

 함께 읽으면 좋은 책

《도시에 살기 위해 진화 중입니다 : 도시 생활자가 된 동식물의 진화 이야기》
인간과 자연이 독특한 하모니를 이루며 공존하는 도시의 새로운 그림을 제시한다. 현대 거대 도시에서 동식물들이 어떻게 보금자리를 마련하고 적응하는지에 관한 이야기.

메노 스힐트하위전 지음, 제효영 옮김, 현암사, 2019.

"전체는 부분보다 크다"

《기하학 원론》에서 유클리드가 설정한 원리들은 이전까지와는 색다른 논증 체계를 가진다. 이러한 방식은 그의 위대한 업적 중에 하나로 꼽힌다. 유클리드는 증명하려는 모든 정리를 차근차근 증명할 수 있었고 일차적이며 기본적이고 받아들이기 쉬운 소수의 가정을 확인했다. 그는 더 구체적으로 논증 형식을 세 가지로 구분했고 이는 연역 사슬의 출발점이 되었다.

첫 번째는 정의定義다. 정의는 앞으로 다룰 논증이 무엇에 관한 것인지 알려 주는 역할을 한다. 예컨대 '점은 부분이 없는 것이다'라는 정의가 있다. 점은 더는 쪼갤 수 없다는 뜻이다. 이처럼 유클리드의 책은 기하학이 많은 부분을 차지하기 때문에 도형과 관련된 정의가 가장 많다. 두 번째 논증 형식은 공준公準이다. 다른 말로 요청要請이라고도 한다. 공준은 기하학에서만 적용될 수 있는 고유하고 단순한 명제다. 예를 들어 기하학에서 '두 점을 연결하면 선분 1개를 그을 수 있다'라는 공준이 있다. 선분은 2~3개가 아닌 오직 1개라는 뜻이다. 마지막 형식은 상식常識이다. 훗날 이는 공리公理라고 부르게 되었다. 공리란 다른 일반 수학에서 널리 적용되는 공통된 명제를 말한다. 즉, 하나의 이론에서 증명 없이 바르다고 하는 조건 없이 전제된 명제다.

기하학에서는 그 크기와 수에 따라 명제가 공유된다. 예컨대 '같은 것과 같은 것들은 서로 같다.'라는 공리가 있다. a=b, a=c → b=c와 같은 경우를 말한다. 직선이나 면, 각이나 수에서도 이 공리는 참이다. 유클리드는 《기하학 원론》에서 이러한 유형을 상식에 포함시켰다. 그는 전체는 부분보다 더 크다는 명제를 상식으로 정했는데 이는 여러모로 유클리드에게 매우 유용했다. 귀류법(어떤 명제가 참임을 증명하는 대신 그 부정 명제가 참이라고 가정해 불합리성을 증명함으로써 원래의 명제가 참인 것을 보여 주는 간접 증명법—옮긴이)으로 여러 명제를 증명하기 위해 전체는 부분보다 더 크다는 상식을 전제로 논리를 전개했기 때문이다. 예를 들어 한 가설의 여러 결론 중에서 유클리드는 'A〉B'와 'A=B'라는 결론에 동시에 도달한다는 사실을 여러 번 알아냈다. 그래서 "(…) 따라서 최소가 최대와 동일하다는 명제는 모순된다."라고 적었다. 이러한 모순을 통해 검토

한 가설을 확실히 배제할 수 있었다. 아마도 유클리드가 매우 좋아한 증명 방식인 것 같다.

유클리드는 이러한 기본 명제들을 어떻게 선정했을까? 사전에 계획한 여러 증명 중에 필요한 것을 우선 확인하는 과정을 거쳤을 것이다. 이러한 과정은 곧바로 이중 검토 작업이 되었다. 그는 먼저 사전에 정의되지 않은 기본 용어들을 정리했다. '점'의 정의와 공리에서 언급되는 '부분'이라는 용어도 그렇다. 그 외에도 '크기', '동등'이나 '단위'도 같은 이유로 정의를 세웠다. 정의가 부족해 자신이 선택한 명제들을 다시 검토하는 상황이 발생하지 않도록 그 시대 독자들에게 간단하고 명료해 보이도록 용어의 의미를 정리한 것이다.

이러한 여러 공리는 타당성 증명 없이 정해졌기 때문에 의심스러운 것이 사실이다. 물론 전체가 부분보다 더 크다는 명제에 아무도 의의를 제기할 수 없겠지만. 총 28권으로 이루어진《백과사전》의 작가 달랑베르는 이 명제는 그 자체로 명백하다고 말했다. 그는 "한 선의 절반이 선 전체보다 더 작다는 것을 확인하기 위해 전체와 부분에 대한 공리 외에 무엇이 더 필요한가?"라고 자문하기도 했다. 하지만 이 공리는 무한집합에는 적용되지 않는다.

두 무한집합의 크기를 어떻게 비교할까? 여러 방법 중에 하나는 두 무한집합의 기본 원소 사이의 관계를 세워 두 집합의 크기가 같은지 확인하는 것이다. 만약 첫 번째 무한집합의 각 원소에 두 번째 무한집합의 단일 원소가 대응된다면 두 집합은 같은 크기로 간주할 수 있을 것이다. 하지만 이렇게 논증을 전개하다가 결과적으로 자연수의 원소 개수와 짝수의 원소 개수가 같다는 점을 알게 된다.

1은 2, 2는 4, 3은 6, 4는 8 이렇게 자연수와 짝수가 일대일로 대응하기 때문에 자연수와 짝수의 개수가 같다는 논증이 가능하다. 나아가 1은 3, 2는 6, 3은 9와 대응시키면 자연수와 3의 배수 크기가 같다는 논증도 가능하고, 더 나아가 1은 4, 2는 8, 3은 12 등 4배수와 크기가 같다는 논증도 가능하다. 이것은 상식에 전혀 맞지 않는 것 같지만 무한 수라는 특별한 경우에는 크기를 비교할 때 전체를 비교할 수 없기 때문에 일대일 대응 방법이 가장 합리적이다. 따라서 수에 대한 우리의 관념 또는 공리는 불안정할 뿐만 아니라 순수 수학에서는 절대적 참이 존재하지 않는다는 것을 의미하기도 한다.

❋ 함께 읽으면 좋은 책

《끈, 자, 그림자로 만나는 기하학 세상》

원을 그리는 컴퍼스 역할을 하는 '끈', 직선을 긋는 '자', 사물 자체를 직접적으로 다루기 어려울 때 이용하는 '그림자' 3가지 도구에서 기하학이 어떻게 탄생해 발전해 왔는지를 소개한다.

줄리아 E. 디긴스 지음, 김율희 옮김, 다른, 2013.

"지구는 당연히 둥글다"

갈릴레오 갈릴레이는 지구가 둥글다는 사실을 발견했다! 코페르니쿠스는 육안으로 천체를 관측해 지동설을 주장했다! 중학생이나 고등학생들은 과연 이 말을 몇 번이나 들었을까?

어쨌든 지구가 둥글다는 발견은 과학의 근대화 진입을 알리는 갑작스러운 정보이자 깨달음으로 과학 역사에서 결정적 사건으로 다룬다. 여기에 콜럼버스가 지구가 둥글다는 것을 믿고 항해해 앞의 두 사람과 함께 과학 영웅으로 소개되는 것은 흔한 일이다.

온갖 역경을 헤치고 자신의 신념을 따라 허공에 떨어질 수 있다는 두려움을 극복하고 세상의 끝을 향해 가는 그 용기는 정말 과학적인 믿음이나 동기에서 시작됐을까?

아리스토텔레스

역사학자들은 현실은 다르다고 말한다. 코페르니쿠스, 갈릴레이는 물론 믿을 수 있는 천문학자들에게도 지구의 형태는 논란거리가 아니었다. 이미 약 2,000년 전에 여러 고대 그리스 학자들도 지구가 둥글다고 생각했다! 르네상스 시대 물리학 역사에 가장 큰 영향을 미친 학자인 아리스토텔레스는 《천체론》에서 이에 관한 설득력 있는 논거를 연달아 제시했다. 이를테면 지구가 형성될 당시 물질이 중앙으로 모여 응집되면서 지구가 어떻게 압축을 통해 자연스럽게 둥근 모양이 되었는지 설명했다. 또한 여행자가 지구 표면에서 이동할 때 별들이 보이는 모습이 방향에 따라 바뀐다는 점을 언급했다. 북쪽을 향해 이동하면 어떤 별들은 나타나고 다른 별들은 시야에서 점점 사라지는데 반대로 남쪽을 향해 이동하는 경우 바다나 육지와 상관없이 남쪽으로 전진할수록 별들이 지구 표면 위를 움직이듯 남쪽 지평선 위에서 올라온다는 것이다. 그리고 추가로 또 다른 단서를 들었다. 매년 지구가 태양과 보름달 사이를 지나는 월식 현상이 지구가 둥글다는 증거라는 것이다. 달의 표면을 주의 깊게 관찰하면 지구의 그림자를 볼 수 있는데 이 그림자가 움푹 패인 것을 아리스토텔레스가 발견한 것이다! 그는 "월식은 지구가 태양과 달 사이에 끼어들면서 일어나는 현상이며 지구의 둥근 형태 때문에 지구의 단면이 이러한 모습으로 보이는 것이다."라고 주장했다.

물론 엄격한 의미에서 이 주장은 그대로 증거가 되는 것이 아니다. 문제의 그림자는 눈으로 확인할 수 있는 정도의 그림자일 수도 있고 여행자가 방향에 따라 다르게 보는 별의 모양은 완전한 구형이 아닌 지구 모양을 반영하는 것일 수도 있다.

그러나 100년 후 고대 그리스의 수학자 겸 천문학자 에라토스테네스가 서로 다른 두 장소에 물체를 놓고 땅에 나타나는 그림자를 관찰하면서 최초로 설득력 있는 방법을 적용해 지구의 반지름을 측정함에 따라 아리스토텔레스의 이론을 뒷받침하는 주장이 생겼다. 고대 그리스의 천문학자이자 지리학자인 프톨레마이오스의 연구는 코페르니쿠스가 등장하기 전까지 참고서로 활용되었는데 그도 지구가 둥글다는 사실에 아무 의심도 품지 않았다. 그렇다면 이후에는 어땠을까? 중세 초기 고대 천문학자들의 연구가 상당 부분 사라졌지만 다음 세기 동안 매우 서서히 회복되었다. 지구 둘레 측정에 대한 이론은 세월이 흐르면서 다듬어졌으며 특히 이슬람 세계 천문학자들의 공이 컸다. 이처럼 일부 대중이 지구가 평평하다는 낡은 생각을 믿었더라도, 지구가 둥글다는 사실에 이의를 제기하는 학자는 정말 소수였을 것이다. 사실 중세 말기와 르네상스 시대 동안 지구가 평평하다는 주장을 뒷받침하려고 했던 우주 형상학자나 천문학자는 단 한 명도 찾기 힘들다. 따라서 진짜 문제는 왜 많은 사람이 지구가 평평하다고 믿었는지가 아니라 왜 많은 사람이 지구가 평평하다고 '믿었다고 생각했는지'를 이해하는 것이다!

아리스토텔레스

콜럼버스의 항해록(1492)에 지구가 평평하다는 언급은 없었다. 그가 이끌던 선원들도 긴 여정과 바람 방향에 대한 불만은 있었지만 아무도 허공에 추락할지도 모른다고 의심하지 않았다. 너무나 당연했다. 몇 년 후 포르투갈 탐험가 마젤란과 그의 일행이 지구를 둘러보는 첫 여정(1519~1522)을 시작했고 이는 천문학자들의 이론에 실질적 증거를 제공했다. 그럼에도 불구하고 지구가 둥글다는 주장에서 몇 가지 정말 믿기 어려운 부분이 있었다면, 지구의 곡선 형태를 촬영한 첫 사진을 직접 눈으로 확인할 수 있는 20세기 제2차 세계대전이 조금 지난 시점까지 기다려야 한다. 이 사진은 지구가 거의 원형(더 정확한 용어를 사용하면 타원형)에 가깝다고 한 번 더 확인시켜 주었다. 하지만 이처럼 실질적 증거가 등장했는데도 여전히 지구 평면설을 주장하는 음모론자들이 있었다는 것이 흥미롭다. 우주선을 타고 나가 멀리서 지구를 직접 바라보면 그 생각이 바뀔 수 있을까?

 함께 읽으면 좋은 책

《대화 : 천동설과 지동설, 두 체계에 관하여》
망원경이라는 매개 도구를 사용한 객관적 관측과 천체 역학적 문제에 대한 수학적 논증으로 천동설과 지동설의 타당성을 입증한다. 1632년 출간했을 때 화제가 되었던 책이다.

갈릴레오 갈릴레이 지음, 이무현 옮김, 사이언스북스, 2016.

제2장
근대 과학의 탄생

이탈리아의 미술가·과학자·건축가·조각가·기술자·사상가, 1452~1519

"새는 수학 법칙에 따라
움직이는 기계다"

레오나르도 다 빈치가 인류 역사상 '새'를 처음 본 사람은 아니다. 그보다 앞서 새를 본 수많은 사람이 있었지만, 결코 아무도 다 빈치처럼 새를 보지 않았다. 다 빈치의 눈은 민첩하고 날카로워 사람들의 감탄을 자아냈다. 그는 쉰세 살 때 자신이 살던 이탈리아 피렌체의 다양한 해발 지점을 활용해 도시 주변을 날아다니는 참새와 맹금류를 유심히 관찰하기 시작했다. 다 빈치는 육안으로 새들의 움직임을 상승과 하강의 여러 단계와 바람의 일시적 변화에 따라 분석했다. 새의 몸과 곡예비행을 오랫동안 주의 깊게 관찰하고 크로키를 여러 장 그리며 역학 가설을 세우고 주변 공기에 따른 새의 비상, 추진, 양력, 회전, 제동을 규명하는 몇 가지 물리적 원리를 알아냈다. 노련한 해부학자였던 그는 새 뼈의 부위마다 어떤 기능이 있는지 알아냈다. 또한 기하학자의 장점을 살려 날개의 위치와 날갯짓을 통해 수학적 관계를 파악했다. 엔지니어이기도 했던 그는 가늘고 섬세한 새들의 몸을 사실상 '기계'로 인식했다. 레오나르도 다 빈치는 물체의 운동 법칙을 연구하는 '역학'에 대해 다음과 같이 확신했다.

"매우 고귀하고 다른 무엇보다 매우 유용하다. 움직이는 재주를 가진 살아 있는 몸 전체가 역학을 통해 모든 활동을 수행할 수 있기 때문이다."

그렇다고 다 빈치가 품고 있던 근본적인 야망이 새를 방정식으로 단순화하는 것만은 아니었다. 그는 주로 응용수학을 활용해 자신만의 기술적인 계획을 구상했다. 새가 기계라면 인간은 기계인 새의 움직임을 재현할 수 있어야 한다고 생각했다. 레오나르도 다 빈치가 젊은 시절부터 품었던 '하늘을 나는 기계'에 대한 꿈은 '비행'을 묘사하며 구체화되었다. 그는 다양한 비행기 형태를 고안했고 때로는 새나 박쥐에서 직접적인 영감을 받기도 했다. 오랫동안 알려지지 않았던 그의 연구는 매혹적인 데생과 노트, 거대한 기계 새를 설계하기 위해 쓴 육필 원고와 함께 우리에게 전해졌다. 그리고 21세기를 살고 있는 현대인은 깜짝 놀랄 수밖에 없다. 다 빈치는 비행 설계의 선구자 라이트 형제보다 400년이나 전에 비행 기계 덮개의 성질, 밧줄의 구조와 고정 위치까지 자세히 설명했기 때문이다!

생명체와 인간의 기술 사이를 끊임없이 오가며 연구했던 자세도 오늘날의 과학자들과 흡사해 우리를 당황하게 만든다. 레오나르도 다 빈치가 생각했던 자연과 기계 사이의 매우 긴밀한 관계가 드러났기 때문이다. 그는 소나무로 뼈대를 만들고 비단을 덮어 박쥐 날개를 닮은 날틀을 만들었는데 여기에 '우첼로(Uccello, 거대한 새라는 뜻―옮긴이)'라는 이름을 붙였다. 그때는 인간의 기술이 자연을 모방하는 데서 끝나지 않고 역학 관계를 통해 자연을 생각하기 시작한 시대였다. 레오나르도 다 빈치의 비행 계획에서 볼 수 있듯이 기술로 자연을 모방하려는 시도와 역학 관계로 자연을 생각하려는 시도는 서로 많이 얽혀 있다. 하지만 자연과 기술의 혼합으로 이어지지는 않았다. 다 빈치는 자연 현상이 보여 주는 어느 하나 과하지 않고 실패도 없는 뛰어난 모습을 따라가는 데 상당히 무력감을 느꼈다고 고백했다. 하늘을 나는 기계에는 영혼도 목숨도 없다는 것을 인정했던 것이다. 빈틈없는 설계자였던 그는 5년간 우첼로에 매달려 노력했지만 결국 실패하고 말았다. "단 한 번만이라도 비행했다면 하늘이 마음의 고향이라는 점을 알게 될 것."이라고 쓰며 아쉬워했다. 비록 실패했지만 그의 시도는 후대에 큰 영감과 아이디어를 남겼다.

르네상스 시대의 천재 레오나르도 다 빈치는 〈모나리자〉, 〈최후의 만찬〉 등 걸작을 남긴 화가였지만 궁중 기술자라는 직책으로 기상천외한 전쟁 무기 개발과 다양한 발명에 훨씬 많은 시간을 할애했다. 덕분에 낙하산과 비행기가 상용화된 것을 생각하면 한 명의 천재가 보여 준 지식의 융합은 놀랍기만 하다.

 함께 읽으면 좋은 책

《하늘을 상상한 레오나르도 다 빈치》
레오나르도 다 빈치의 비행에 관한 연구들을 세심히 선별한 이미지와 함께 시간의 흐름에 따라 체계적으로 소개한다. 15세기 후반 피렌체에서 보낸 시절부터 그의 기초적인 연구를 보여 준다.

도미니코 로렌차 지음, 권재상 옮김, 이치, 2007.

"독이 없는 것은 없다. 단 복용량이 독을 결정한다"

파라셀수스는 과학과 마술을 넘나들며 의학과 화학의 기초를 다진 것으로 유명하다. 그가 남긴 글들은 수수께끼 같기만 하다. 연금술, 점성술, 마술과 신령이 마구 뒤섞여 있기 때문이다. 유럽을 방랑한 의학자, 자유로운 사상가이자 성상파괴론자인 파라셀수스는 접골사나 주술사에 대한 지식까지 주저 없이 기록했고 자신의 이론과 경험에 기초한 여러 근거를 토대로 지극히 개인적인 방식으로 질병을 판단했다. 게다가 고대 그리스 의학자 히포크라테스나 갈레노스가 남긴 책을 공개적으로 태워 버렸다.

"모든 것은 독이다. 독이 없는 것은 없다. 단 복용량이 독을 결정한다."라는 문장은 그의 저서 《일곱 가지 변호》에 등장한다. 파라셀수스는 이 책을 통해 자신의 새로운 의학을 향해 쏟아지는 동료들의 비난에 맞서 다양한 주장을 증명했다. 동료들은 그가 치료제에 독과 부식제를 넣었다고 욕했다. 하지만 파라셀수스는 "독이 들어가지 않은 것이 있는가?"라고 되물었다. 그의 주장에 따르면 모든 것은 신의 창조물이므로 자연에서 나는 것은 그 자체로 나쁘지 않다. 어떤 음식은 누군가에게는 해롭고 다른 누군가에게는 이로울 수 있다. 이는 바로 일종의 연금술사가 생명체에 존재하기 때문이다. 일부가 위장에서 사는 이 연금술사는 생명을 유지하기 위해 해가 될 수 있는 것만 배출한다. 잘 배출하면 성공하는 것이고 아니면 질병을 유발하면서 실패할 수도 있다. 인간이 독이라고 부르는 것은 사실 '사람에게 나쁘게 바뀐 물질'일 뿐이라고 파라셀수스는 주장했다.

그런데 적은 양을 섭취할 때 이로운 음식 대부분은 너무 많은 양이 들어가면 바로 독이 된다는 사실이 밝혀졌다. 반대로 해로운 물질이어도 한 번에 아주 적은 양을 섭취하면 해가 없고 이롭게 작용하는 물질도 있다. 예를 들면 비소는 일부 피부 돌기를 치료하는 데 강력한 효력이 있지만 독의 성질과 약의 성질이 매우 '인접한' 물질이다.

이렇게 파라셀수스는 자신이 관찰한 물질 중 해로운 것과 이로운 것을 분류하고 묘약—어떤 질병에 특별한 효력을 발휘하는 약—을 골라내는 데 전념했다. '독'을 치료약으로 만들기 위해 그는 불과 증류를 사용해 준비 과정과 분리 과정을 거쳐 적절한 형태와 정확한 함유량으로 이를 사용하기에 적합한 단계에 도달했다. 그리고 이에 대해 "선에서 악을 만들 수 있다. 그 반대도 가능하다. 물질의 변성에 대해 알지 못하고 물질이 분리된 후 일어나는 효과를 모른 채 그 물질을 비난할 수 있는 사람은 아무도 없다. 독은 무無독으로 변화될 수 있다."라는 말을 남겼다.

따라서 파라셀수스는 500년 전 이미 우리에게 잠재적 독을 항상 먹고 있다는 사실을 경고한 셈이다. 약물 재료를 동식물에서 광물로 확대한 그의 연금술 이론이 등장한 이후 독성에 대한 지식의 폭은 굉장히 넓어졌다. 파라셀수스는 독물학의 개척자이며 어쩌면 의학 화학의 아버지라고도 할 수 있다. 르네상스 시대에 파라셀수스만큼 효력이 뛰어난 화학 치료제를 알아내기 위해 고군분투한 사람도 없었을 것이다. 실제로 오늘날 일부 백혈병 치료에서 비소를 사용하고 있다.

함께 읽으면 좋은 책

《세상을 바꾼 독약 한 방울 1~2》
주기율표에서 가장 널리 독살에 사용되었던 다섯 가지 원소인 수은, 비소, 안티모니, 납, 탈륨에 관해 그 중독 증상과 인체 내의 영향 등을 다룬다.

존 엠슬리 지음, 김명남 옮김, 사이언스북스, 2010.

• 조르다노 브루노 •

이탈리아의 철학자, 1548~1600

"지구가 다른 어떤 천체보다 중심에 있는 것은 아니다"

1600년 2월 17일 조르다노 브루노는 광장에 놓인 화형대에서 한 줌의 재로 사라졌다. 8년 동안 이어진 소송과 옥고 끝에 이단적 견해를 주장했다는 이유로 종교재판에서 사형을 선고받은 것이다. 그리고 그가 쓴 책들은 금서로 분류되었다. 성 도미니크 수도회의 수도사로 생활하다가 속세로 나온 조르다노 브루노는 코페르니쿠스의 이론을 포함한 우주론을 신봉했는데 극단적 결과로 치달을 때까지 이 이론을 대담하게 밀어붙였다.

하지만 코페르니쿠스는 생을 마감하기 몇 달 전까지도 그의 대표적인 책을 출판하지 않을 정도로 신중한 사람이었다는 사실을 먼저 짚고 넘어가자. 코페르니쿠스는 자신의 저서에서 지구가 자전을 하고 태양 주위를 공전하는 두 가지 운동으로 움직인다고 주장했는데 이것은 이후 천문학이 부흥하는 계기가 되었다. 그런데 코페르니쿠스는 태양계에 대한 수학적 고찰에 그쳤을 뿐 우주의 구조에서 민감한 문제는 거의 언급하지 않았다. 더구나 우주가 무한한지 유한한지를 이해하는 문제는 철학자들에게 맡겼다.

조르다노 브루노는 코페르니쿠스를 예찬했지만 신중한 태도까지 따르기로 한 것은 아니었다. 우주가 지구를 중심으로 생긴 폐쇄적이고 둥근 형태라고 말하는 그까짓 고대 그리스 로마 시대의 우주론쯤이야 청산할 수 있다고 자부했다. 브루노는 행성들이 동심원을 그리며 움직인다는 학설을 믿지 않았다. 그가 보기에는 천동설과 별반 다를 게 없었다. 우주가 무한하다는 주장도 거침없이 펼쳤다. 별들이 지구 주위를 돌고 있다면 우주가 무한하다는 주장은 이해하기 매우 어려울 수도 있다. 우주가 무한하다면 끝없이 멀리 떨어진 별들이 무한한 속도로 돌아야 하기 때문이다. 그런데 별들이 움직인다는 생각은 착각이다. 지구가 움직이기 때문이다. 이렇게 우주 무한론에 맞선 거대한 반박을 무너뜨렸다!

그럼 무엇이 우주 공간을 제한할 수 있을까? 우주의 중심은 어디일까? 지구가 고정되지 않았기 때문에 지구가 우주의 중심일 리는 전혀 없다. 다른 행성에 사는 생명체도 자신들이 사는 행성이 중심이며 지구, 태양이나 별들이 그 행성 주변에 있을 거라고 생각할 수도 있다. 뭔가 우리와 멀어지면서 달을 향해 '올라간다.'

조르다노 브루노

라고 말할 때, 달에 있는 생명체들은 그 뭔가가 자신들을 향해 '내려온다.'라고 말할 수도 있다는 점을 생각해 봐야 한다! 우주에는 위아래가 없다. 이는 순전히 관찰자의 시점에서 만들어진 개념일 뿐이다.

브루노는 우주의 모든 것을 동등한 것처럼 보았기 때문에 관습적인 지표를 조롱했다. 지구에 대해 참인 것은 "모든 다른 물체에 참이기 때문이다. 여기서 모든 다른 물체는 그 자체로 중심점이 되기도 하고 원주에서의 점이 되기도 하며 극점이나 천정점이 되거나 또 다른 뭔가가 된다."고 적었다. 중심은 어디에나 있고 주변은 어디에도 없다. 절대적 지표도 한계도 없이 공간은 모든 방향으로 확장된다. 또한 브루노는 주저하지 않고 다른 세상의 존재를 언급했다. 고대 그리스 로마 사람들이 받아들였던 우주와 달리 "우리는 무한한 지구, 무한한 태양, 무한한 에테르가 존재하는 것을 확인했다."라고 썼다. 따라서 태양 주변을 움직이는 지구처럼 생명체가 사는 다른 행성들이 수많은 별 주위를 사방으로 움직인다. 앞으로 우리가 알게 될 다른 생명체가 사는 이러한 행성들도 각각 지구와 다름없이 고귀하다고 여겼다.

조르다노 브루노는 교회가 선택했던 천체를 위계적으로 배열한 우주의 전통적 질서만 공격한 것이 아니었다. 그는 자신을 세상에 대한 새로운 개념의 선구자로 평가하며 거만하고 열정적인 태도로 설교했다. 결국 삼위일체, 그리스도의 신성, 동정녀 마리아

를 비난하기에 이르렀다! 교회 권력의 입장에서 더는 참을 수 없
는 상황이 되었고 여러 죄목을 붙여 소송을 준비했다. 브루노는
이미 여러 번 교회에서 파문당하고 유럽을 떠돌아다닌 적이 있어
이제 사형을 선고받을 것을 알고 있었다. 그래서 신학의 몇 가지
항목에 대해서 자신이 발언했던 내용을 취소할 의향을 내비치기
도 했다. 그렇지만 우주의 무한론을 시작으로 여러 우주론에 대한
주장을 공식적으로 포기하지는 않았다.

조르다노 브루노의 비극적인 결말은 일종의 과학 순교자, 독
단적 권력에 맞선 자유로운 사상의 상징이 되었다. 그가 화형을
당한 이탈리아 로마의 캄포데 피오레 광장에는 조르다노 브루노
동상이 세워졌다. 20세기 이탈리아 공산당은 여러 지역에 조르다
노 브루노의 조각상을 세웠는데, 주로 교회가 보이는 맞은편 자리
였다.

 함께 읽으면 좋은 책

《무한자와 우주와 세계 외》
브루노가 기존 수학적 자연과학을 극복하고 우주를 생명으로 충만한 유기체로 파악
해 무한성을 얻고자 했던 철학적 노력을 담은 책. 미시적인 동시에 거시적인 세계관
을 보여 준다.

조르다노 브루노 지음, 강영계 옮김, 한길사, 2000.

이탈리아 르네상스 말기의 물리학자·천문학자·철학자, 1564~1642

"그래도 지구는 돈다!"

62

1633년 갈릴레오 갈릴레이는 자신의 재판이 끝나자 로마 종교재판소 법정 앞에서 이 유명한 말을 외쳤다고 한다. 그는 공개적으로 코페르니쿠스의 지동설을 신봉하지 않겠다는 선언("나는 진심을 다해 거짓 없는 믿음으로 나의 잘못된 생각을 버리고 저주한다")을 한 뒤 자리에서 일어나며 마음속 소신을 계속 지켜 나갈 것이라는 표현으로 "그래도 지구는 돈다!"라고 말했다고 전해진다. 한마디로 죄를 면하고자 재판에서는 마음에도 없는 소리를 한 후 재판이 끝나자 소신 발언을 했다는 것이다. 갈릴레이는 이렇게라도 지구는 천체의 중심에 고정되어 있지 않다는 신념을 지키고자 했다. 교회가 뭐라든 아리스토텔레스의 우주론이 무엇이든 지구는 '움직인다(이탈리아 단어의 뜻을 그대로 옮기자면)'라고 한 것이다.

그런데 이 일화는 그저 입에서 입으로 전해 내려오는 전설로 보인다. 갈릴레이가 쓴 책 어디에도 이런 문장은 없으며 재판 당일 그가 "그래도 지구는 돈다."라고 말했다는 증언이나 자료가 전혀 존재하지 않기 때문이다. 사실 이렇게 발언했다면 그 자체로 경솔한 행동이 되었을 것이다. 사람들이 이 호기로운 발언을 절대로 용서하지 않았을 것이기 때문이다. 교회 권력층의 입장에서 갈릴레이는 단지 교회를 위협하는 가설을 지지하는 사람 중 하나가 아니었다. 이미 몇 년 전에 지동설을 지지하거나 가르치지 않겠다는 서약을 했지만 이를 깨뜨린 사람이었다.

종교재판을 받기 직전 해인 1632년에 출간된 《두 우주 체계에 대한 대화》에서도 갈릴레이는 코페르니쿠스 체계의 우수성을 집요하게 입증하려고 했다. 더구나 갈릴레이는 교회로부터 논란을 일으킬 내용을 숨긴 채 부정한 방법으로 이 책의 출간 허가를 받은 바 있었다. 아마도 교황 우르바노 8세를 조롱하며 언짢게 하는 내용이 담겨 있었을 것이다.

이런 상황에서 재판은 으레 형식상 진행되던 재판과는 거리가 멀었다. 갈릴레이는 매우 불리한 입장이었고 고문을 당하게 될까 봐 걱정했다. 더욱이 조르다노 브루노가 앞서 어떤 일을 당했는지 잘 알고 있었다. 이처럼 최후의 도발 행위는 그동안 자신의 노력을 물거품으로 만들고 결과적으로 화형대로 끌려 갈 위험이 있었다. 다행스럽게도 갈릴레이는 자신의 주장을 최종 철회하면서 목숨을 건졌고, 피렌체 근교 아르체트리에 있는 별장에 연금되었다. 그곳에서 그는 연구를 하며 평온하게 여생을 마무리했다. 물론 이번에는 그 문제에 대한 글을 쓰지 않겠다는 서약을 지켰다!

갈릴레이가 "그래도 지구는 돈다."라는 말을 실제로 했는지는 확인되지 않지만 그렇다고 이 유명한 문구가 아무 가치 없는 것은 아니다. 갈릴레이의 노년기에 이미 이 말이 세간에 돌아다니고 있었다는 근거를 바탕으로 추측하면, 법정보다 덜 위험한 장소에서 어쩌면 아르체트리로 떠나기 전에 "그래도 지구는 돈다."라고 말했을 수도 있다. 그리고 이 문장이 갈릴레이의 신념과 일치한다는 것은 부정할 수 없는 사실이다.

관찰과 논증을 통해 과학이 체계적으로 발전하던 그때 갈릴레이는 과학의 자율성을 옹호하는 발언을 이미 여러 번 했다. 그가 보기에 과학의 권위는 과학 자체만으로도 존엄성을 지니며, 이는 교회가 반드시 인정해야 하는 부분이었다. 아무도 설령 교황이라도 현상에서 발견된 사실을 바꿀 수 없기 때문이다. 갈릴레이가 토스카나의 대공비에게 쓴 편지에서 이러한 생각을 엿볼 수 있다.

"단지 오류와 궤변일 수도 있다는 이유만으로 천문학 교수들에게 자신들이 갖고 있는 관찰과 논증에 대한 믿음을 버리라고 강요하는 것은 절대로 용납할 수 없습니다. 그들이 본 것을 보지 말고 이해한 바를 이해하지 말고, 그들이 찾아 헤매다 만난 사실과 정반대되는 것을 찾으라는 명령을 내리는 것과 다름없습니다."

그렇다고 갈릴레이가 성경을 거부한 것은 아니다. 오히려 깊은 존경심을 표했다. 하지만 성경이 천체의 구성이나 별들의 움직임을 가르쳐 준다는 주장을 믿어서는 안 된다는 입장을 지지했다. 어째서 천문학 연구 도중에 성경을 소환하는가? 무엇보다 성경의 목적은 본래 구원에 이르는 신앙의 진리를 가르치는 데 있다. 갈릴레이는 바로니우스 추기경의 말을 인용해 성경의 목적을 영리하게 상기시킨 바 있다.

"성경은 우리에게 어떻게 하늘나라로 가는지를 가르치는 것이지 하늘이 어떻게 움직이는지를 가르치는 것이 아니다."

함께 읽으면 좋은 책
《갈릴레오 : 교회의 적, 과학의 순교자》
바티칸 교황청에서 400년 동안 숨겨 온 갈릴레오 재판의 진실을 토대로, 갈릴레오 갈릴레이와 교회의 갈등을 재조명한 책이다. 오늘날 '근대 과학의 아버지'라고 불리는 갈릴레오 갈릴레이의 삶을 짚어 본다.

마이클 화이트 지음, 김명남 옮김, 사이언스북스, 2009.

갈릴레오 갈릴레이

• 안토니 판 레이우엔훅 •

네덜란드의 박물학자, 1632~1723

"한 왕국에 사는 사람 수보다 많은 생물이 한 사람의 침 속에 존재한다"

'미생물학의 아버지'로 불리는 안토니 판 레이우엔훅은 교수가 아니었다. 그는 어떤 고등교육도 받지 않았고 그리스어나 라틴어도 몰랐으며 집필한 책이 단 한 권도 없었다. 그는 네덜란드 델프트라는 마을에서 옷감을 판매하는 포목상으로 일하다가 델프트 시청에서 공무원으로 일했다. 그런 그가 정말 왜 어째서 그랬는지 모르지만 현미경을 탄생시킨 기술 연구에 열정을 쏟았다.

레이우엔훅은 여러 가지 현미경을 개발했다. 그가 개발한 현미경은 매우 작은 크기(성냥갑 정도)에 주로 렌즈(자신이 직접 깎은 것) 한 개를 부착했는데 일부 현미경은 그 시대에 사용하던 현미경보다 성능이 우수했다! 266배로 사물을 확대할 수 있는 이 현미경으로 마크론 단위의 미세한 부분도 식별할 수 있었다. 레이우엔훅은 손에 잡히는 거의 모든 것—옷감, 분필 조각, 곰팡이, 이, 대구 알, 용연향, 목화씨, 경단고둥, 백조 깃털, 후추, 잠자리의 눈, 토끼의 담즙 등—을 정밀 관찰하기 위해 자신이 만든 현미경을 활용했고 영어를 거의 몰랐지만(네덜란드어로 작성했다) 연구 결과를 런던왕립학회로 보낼 정도로 열정이 넘쳤다.

미세한 물질들의 복잡한 형태에 깜짝 놀란 그는 현미경으로 관찰한 여러 표본에서 작은 생물 무리를 어김없이 발견했다. 사실 작은 물 한 방울에도 사방으로 움직이는 무수한 생명체 무리가 있다. 레이우엔훅은 오늘날 원생생물, 미세 조류, 효모, 박테리아라고 부르는 미생물을 최초로 발견한 인물이다. 그는 이 현상을 어떻게 해석했을까?

레이우엔훅은 현미경으로 발견한 이런 미생물을 미니어처 동물로 여겼고 가끔 심장과 위를 가졌을 것이라고 생각했다. 그가 보낸 편지의 번역을 맡았던 사람은 거기에 극미동물(작은 동물)이라는 귀여운 이름을 붙였다. 거침없이 연구를 계속해 나간 레이우엔훅은 자신의 수염, 콧구멍, 대변, 침, 피, 눈꺼풀까지 현미경으로 살펴보았다. 그러다 잇몸 아래에서 가져온 소량의 흰색 침착물(치아에 달라붙어 있는 물질—옮긴이)을 희석해 살펴본 후 혈구와 섬유에서 또다시 극미동물을 발견했다. 거기에도 극미동물이 있었던 것이다! 까다롭게 치아 위생을 자랑하던 그였지만 모래알의 100분의

안토니 판 레이우엔훅

1 크기인 용적 안에서 빠르게 증식하다가 가끔 더 빠르게 움직이는 다양한 모습의 생물이 1,000여 마리 넘게 존재한다는 사실을 인정해야 했다. 레이우엔훅은 치석의 박테리아를 관찰해 그림으로 그렸다! 이 발견처럼 인간의 몸에는 인간만이 유일하게 존재하는 것이 아니며 마치 미니어처 동물원처럼 인간은 여러 무리가 우글거리는 몸을 가졌다는 점은 의심의 여지가 없다.

레이우엔훅의 혈액과 정액은 말할 것도 없었다. 혈액은 이 끈질긴 관찰자에게 적혈구의 존재를 보여 주었고, 그는 최초로 정액 속 정자를 관찰했다. 게다가 지구에 존재하는 인구 수 정도는 될 것 같은 생대구의 정액 등 30여 종의 정액에서도 정자를 발견한 레이우엔훅은 매우 놀랐다. 대다수의 사람이 여전히 자연 발생 통념에 집착하던 시대에 극미동물도 번식을 한다는 사실을 알아냈기 때문이다.

500여 개의 현미경을 만들고 런던왕립학회에 50년 동안(1673~1723) 편지를 보낸 이 아마추어의 심심풀이는 당대의 매우 중요한 정보를 제공한 과학적 업적이 되었다. 사소해 보이는 물질들에 대한 레이우엔훅의 관찰은 식물학, 해부학, 조직학, 곤충학을 발전시켰다. 그의 보고서는 일부 회의적 시선도 받았지만 존경받는 학자이자 런던왕립학회의 실험 담당 교수였던 로버트 훅의 신뢰를 얻었다.

로버트 훅도 현미경에 심취해 있었는데 그는 "눈에 보이는 새로운 세상이 발견되었다!"라고 외쳤다. 로버트 훅이 말한 새로운 세상은 바로 끝없이 작은 세상이다. 확대경과 같은 광학 장비는 이미 육안으로 식별되는 것을 '더 잘 보이게' 해줬지만 이 괴상한 현미경은 인간의 불완전한 감각을 피해 알려지지 않은 공간의 베일을 벗겨 준다는 사실을 그도 알아챘던 것이다. 그리고 같은 시기 굴절 망원경이 끝없이 넓은 세상에 대한 지식의 문을 열었다. 이처럼 시각 장비의 발전은 종종 과학의 진보에 영향을 미친다.

 함께 읽으면 좋은 책

《대체로 무난하고, 때때로 무해하고, 자주 유익한 미생물 이야기》

개인을 둘러싼 모든 환경에 존재하는 미생물을 알아본다. 미생물에 대한 이해로 시작해 면역력에 대한 이야기까지 담았다. 건강의 기본적인 안전망을 만들어 주는 방법도 소개한다.

김태종 지음, 나무나무, 2020.

안토니 판 레이우엔훅

영국의 물리학자·천문학자·수학자, 1642~1727

"내가 더 멀리 봤다면 그건 거인의 어깨 위에 올라앉아 보았기 때문이다"

뉴턴이 과학자 로버트 훅에게 보낸 편지에는 "내가 더 멀리 봤다면, 그건 거인의 어깨 위에 올라앉아서 보았기 때문이다."라는 문장이 쓰여 있다. 이는 로버트 훅에게 학문적 빚을 졌다고 인정하고 자신의 광학 연구가 그의 덕분인 점에 감사하며 쓴 은유다.

이 문장은 많은 작가에게 사랑받기도 했다. 그 시작은 중세 프랑스 철학자 베르나르 드 샤르트르(12세기)로 거슬러 올라간다. 샤르트르는 "우리는 거인의 어깨에 올라앉은 난쟁이와 같습니다. 우리가 그들보다 더 멀리 더 많은 것을 보는 것은 우리의 시력이 뛰어나거나 위대하기 때문이 아니라 거인들 덕분에 올라와 있기 때문입니다."라고 말했다고 한다. 한 가지 짚고 넘어가야 할 부분은 샤르트르가 살던 시대에 겸손은 학문의 미덕이었다는 점이다. 윗사람에게 경의를 표할 때 거인의 어깨 위에 올라앉은 난쟁이가 거인보다 더 똑똑하다는 말을 하지 않은 것처럼 말이다. 고대 그리스 로마 학자들은 스승을 시대에 뒤처진 사람으로 평가하지 않았다. 중세 학자들은 존엄한 윗사람들이 만들어 놓은 길을 뒤따르면서 그들의 빛에 덕을 볼 수 있길 바랄 뿐이었다. 이런 점에서 샤르트르의 발언은 스승의 영향 아래 있는 것이 더 멀리 볼 수 있게 했다고 인정한, 생각의 독립성과 혁신을 향한 용감한 외침이었다!

뉴턴 시대에 이르러 과학 혁명은 과거와 다른 방식으로 발전했다. 고대 그리스 로마 시대와 단절한 학문이 발전하는 양상이 뚜렷해지면서 표현 방식도 현대인에게 더 친근한 방향으로 변화했다.

선인들에게 빚을 지고 있는 것은 맞지만 지금의 학자들은 그들보다 '더' 많은 것을 알고 있다. 그리고 우리의 후손들은 지금보다 더 많은 것을 알게 될 것이다. 다시 말해 과학은 기본적으로 지식이 계속 쌓이는 학문이다. 과거를 기반으로 출발해 구축되는 이론과 기술이 발전 그래프를 그리며 오늘날까지 계속 성장세를 보인다. 이런 발전 방향이 없다면 21세기 어느 누가 연구를 하겠는가. 계속 과거를 넘어서야 새로운 발전이 가능하다. 따라서 성공한 과학자는 지식이라는 거인의 어깨 위에 올라가 과거에는 볼 수 없었던 저 먼 곳을 바라보는 기회를 가진 사람들이다.

하지만 뉴턴이 표한 존경심은 양면성이 있다. 이 문장에는 거인의 위에 앉아 조롱하는 난쟁이라는 단어가 사라졌다. 혹시 이렇게 생략된 부분에 뉴턴의 자아도취적인 작은 저항의 표시가 들어 있는 것은 아닐까?

뉴턴과 훅은 이 정중한 편지 이전에 대립했는데, 광학과 중력에 대한 이론이 누구의 것인지에 관한 우선권 논쟁이 수십 년에 걸쳐 지속되었다. 엄연히 서로 경쟁 관계였던 것이다. 따라서 상대방을 앞지르기 위해 학문적 경쟁자의 어깨 위에 올라앉아 있다는 생각도 '거만한 겸손'의 표현일 수 있다.

 함께 읽으면 좋은 책

《아이작 뉴턴》
단순하고 강박적인 삶을 살았던 인간 뉴턴의 개인적인 모습은 물론 위대한 과학적 발견을 담았다. 전형적인 학문적 탐구를 넘어 흥미진진한 이야기로 소개한다.

제임스 글릭 지음, 김동관 옮김, 승산, 2008.

"자연은 진공을 싫어한다"

스콜라 철학에서 가장 유명한 문장은 "자연은 진공을 싫어한다."라는 말이다. 그 근거를 알아보기 위해 아리스토텔레스에게 돌아가 보자.

그는 진공을 부정했다. 진공 상태에서는 운동이 일어날 수 없는 것처럼 보였기 때문이다. 어떤 물체에 운동을 전달할 때 물체 반대쪽에서 일어나는 저항에 따라 속도가 달라진다고 생각했다. 그런데 진공이 존재한다면 진공 상태에서 움직이는 물체는 아무 저항도 받지 않게 되면서 결국 매우 빨리 움직일 것이라고 추론한 것이다. 그래서 아리스토텔레스는 진공이 존재하는 것은 불가능하다고 생각했다. 더욱이 진공을 실제로 어디서 관찰할 수 있을까?

예를 들어 용기를 비워 보자. "여기 물이 있다. 용기에서 물을 비우면 공기가 채워진다. 물이 용기를 채우듯이 말이다. 그리고 다른 물질을 비우는 순간 다른 물체가 같은 용기 안을 채운다."라고 아리스토텔레스는 말했다. 요약하면 각각의 장소는 항상 '점유'되며 가스로 채워질 수도 있다. 어떻게 진공이 어디든 존재할 수 있을까?

고대 그리스 사람들은 진공이 생기는 방식은 우리가 흔히 아는 신기한 현상으로 설명할 수 있다고 말했다. 바로 펌프관에서 물이 저절로 올라오는 현상이다. 오늘날 터키 남서부 지역인 아프로디시아스의 알렉산드로스(2세기)가 집필했다고 알려진 책에 진공의 '위협적인 성질'에 대비하기 위해 물이 관을 채운다고 나와 있다. 이후 이 논리는 인정 받았다.

1,000년이 훌쩍 지나 아리스토텔레스의 물리학 책 여러 권이 번역되기 시작하면서 학자들은 어떤 공간에 진공이 만들어지려는 순간 바로 자연이 주변을 둘러싼 물질로 그 진공을 채운다는 주장을 증명하기 위해 여러 실험을 거듭했다. 여기에 다양한 클렙시드라(clepsydra, 고대 그리스의 물시계—옮긴이)와 펌프가 실험에 사용되었다. 위의 공간을 비울 때 왜 액체가 올라갈까? 어떤 심오한 작용 원리가 진공이 생기는 현상을 피하기 위해 액체가 떨어지는 것을 방해하기 때문이 아닐까? 즉, 자연에는 어떤 '진공 혐오'가 있는

것일까? 간단히 말해 우주의 완벽함은 최소한의 진공 상태가 없는 완전함을 의미하는 것처럼 보였다.

이런 해석의 영향력은 17세기 과학 혁명이 일어나서야 덜했다. 일부는 피렌체의 배관공들의 역할이 컸다. 이상하게도 약 10미터 넘는 높이로 물을 위로 밀어내는 일반 펌프가 하나도 없다는 사실이 알려졌기 때문이다. 또 예상하지 못한 복잡한 일이 생긴다! 공기가 없는 파이프 안에 원래 높이보다 더 높이 액체를 지탱시키는 것은 무엇일까? 그것도 일정 높이를 넘지 않게 하면서 말이다. 이러한 수수께끼에 대한 질문을 받은 갈릴레이는 대답을 추측했고 제자인 물리학자이자 수학자 에반젤리스타 토리첼리에게 연구 조사를 맡겼다. 토리첼리는 물을 지탱하고 파이프를 따라 위로 올라가게 하는 것은 진공의 끄는 힘이나 미는 힘과 관계없다고 생각했다. 오히려 파이프 밖에서 액체를 위에서 누르는 공기 기둥의 무게와 관련 있다고 여긴 것이다.

이것이 오늘날 우리가 아는 대기압이다. 이 사실을 분명히 확인하기 위해 그는 물보다 14배 무거운 액체 수은을 선택했다. 진공 상태에서 수은도 물만큼 높이 올라갈까? 1미터의 파이프 한쪽을 막고 수은을 가득 채웠다. 그다음 파이프 반대쪽 입구를 손가락으로 막으면서 파이프를 뒤집고 수은이 담긴 용기에 뒤집은 수은 파이프를 넣었다. 이때 파이프 입구를 막고 있던 손가락을 재빨리 뗀다.

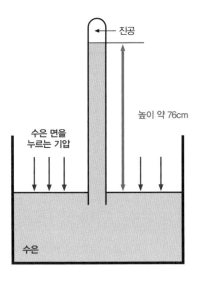

토리첼리의 실험 도식

그 결과, 수은이 용기 안에서 완전히 흘러나오지 않았을 뿐만 아니라 수은이 파이프 안에서 약 76센티미터 높이까지만 내려왔다. 물로 실험했을 때보다 14분의 1 정도 되는 높이였다! 따라서 파이프 안에 담긴 수은의 무게와 용기에 담긴 수은을 위에서 누르는 공기의 압력 사이에 균형이 생겼다. 바로 바깥 공기의 압력이 파이프 안에 담긴 수은이 빠져나오지 못하도록 막으면서 파이프 안에 담긴 수은을 위로 밀어내는 것이다. 파이프의 윗부분에 남아 있는 공간을 채운 것은 공기도 수은도 아니다. 따라서 자연은 그렇게 진공을 싫어하는 것이 아니었다!

토리첼리의 연구에 영감을 받은 프랑스 수학자 겸 물리학자 블레즈 파스칼은 결정적 증거를 제시했다. 토리첼리의 연구를 보면 대기압이 액체를 올리기 때문에 대기압을 낮춰 파이프 안의 액체가 덜 올라가는지 관찰했다. 그런데 우리가 사는 땅이 바로 압력을 가하는 공기의 망망대해 깊숙한 곳이다. 따라서 압력을 낮추는 가장 간단한 방법은 공기 기둥이 더 짧은 곳, 즉 높은 지대로 올라가는 것이다. 파스칼은 처남인 플로랑 페리에에게 프랑스 중부 퓌드돔 산에 올라 토리첼리의 실험을 해 보라는 임무를 맡겼다.

1648년 9월 19일 페리에는 토리첼리의 실험과 같이 파이프 한 개를 챙겨 산에 올랐다. 그리고 결정적인 결과가 나왔다. 산에 오르며 해발이 높아질수록 파이프 안에 담긴 수은의 높이가 낮아졌다. 산 정상에서 파이프 안의 수은 높이는 13센티미터 정도 내려갔다! 게다가 출발하기 전 페리에는 산 아래에서 파이프 안에 담긴 수은 높이가 전혀 변하지 않았다는 사실도 꼼꼼히 확인했다. 그런데 이런 결과로 자연이 진공을 싫어하지 않는다는 것을 확신할 수 있을까?

그렇다. 자연이 진공을 싫어했다면 해발 높이와 상관없이 파이프 안의 수은높이는 똑같았을 것이다. 파스칼은 "자연은 산 정상에서보다 산 아래에서 진공을 싫어하는 것이라고 말할 수는 없지 않은가."라고 비꼬았다.

"무한한 공간의 영원한 침묵이 나를 두렵게 한다."라며 무한한 공간의 고요함을 두려워했던 파스칼은 이렇게 고대 그리스 시대에 만들어져 후손에게까지 전해진 상상에 종지부를 찍었다. 이런 발견에 대한 경의의 표시로 압력 단위는 오늘날까지 그의 이름인 파스칼(Pa)이라고 부른다.

계산기 발명자로도 유명한 파스칼은 자신의 책 《팡세》에서 '인간은 생각하는 갈대'라는 명언을 남기기도 했다.

 함께 읽으면 좋은 책

《진공이란 무엇인가 : 실은 텅 빈 상태가 아니었다》
진공 속에서 물질이 창조되고, 또 우리가 현재 알고 있는 네 가지 힘─중력, 전자기력, 강력(강한 힘), 약력(약한 힘)─도 나타났다는 사실 등 진공이 우주 만물의 씨앗임을 알려 준다.

히로세 다치시게·호소다 마사다카 지음, 문창범 옮김, 전파과학사, 2019.

이탈리아 르네상스 말기의 물리학자·천문학자·철학자, 1564~1642

"우주는 수학의 언어로 작성되었다"

갈릴레오 갈릴레이가 17세기 과학혁명을 상징하는 인물로 꼽히는 주요 이유는 그가 세상을 이해하는 새로운 원리를 보여 주었기 때문이다.

갈릴레이는 질적 물리학, 사변적 물리학, 형이상학이 섞인 물리학 등 자신이 배운 물리학에 만족하지 못했다. 권위적인 여러 글이나 논증을 대조하면서 진행되는 토론으로만 끝나는 상황을 받아들이지 않았다. 아리스토텔레스의 권위, 성서의 권위 또는 다른 유명 저자의 권위에 거부감을 가졌으며 모든 권위는 현실 교훈보다 우월한 것이 아니라고 생각했다. 자연철학은 진리를 밝히려고 하므로 '권위를 가진 글'의 시선을 걷어 내고 자연에 대해 직접 질문해야 하므로 책을 통해서만 얻은 다소 위압적인 전통 안에 철학이 쓰인 것이 아닌 "우리 눈앞에 항상 펼쳐져 있는 거대한 책에 철학이 쓰여 있다. (⋯) 그러니까 우주 안에 철학이 쓰인 것이다."라고 말했다.

그의 말은 여기서 끝나지 않는다. 현상을 정말 과학적으로 다루기 위해서는 어떻게 해야 할까? 첫 번째 조건은 수학적으로 처리할 수 있는 특성을 현상에서 분리하는 것이다. 그렇다고 물체의 맛이나 냄새 같은 감각적 특성을 말하는 것은 아니다. 이런 특성은 신체에서 미세 입자 정도의 영향밖에 되지 않아 너무나 주관적이고 수학적 지식에 대한 실마리를 직접적으로 제공하지 않기 때문이다. 속도처럼 물체의 운동과 배열에서 수량화할 수 있는 크기를 확인하는 것이 오히려 바람직하다.

두 번째 조건은 현상에서 양을 떼어 낼 줄 아는 것이다. 양적 사실 또는 기하학적 사실이 결정되는 순간 지식은 단순한 의견을 넘어서기 때문이다. 이렇게 측정 자료를 수집하는 것이다. 예를 들면 갈릴레이는 경사진 평면 위에서 움직이는 물체가 지나간 거리를 측정해 그 유명한 낙체법칙을 발견했고 목성과 위성 사이의 각도를 측정해 위성의 움직임을 이해했다. 마지막 조건은 이런 자료를 활용하기 위해 수학적 지식을 사용하는 것이다.

세상을 해독하고 싶은 사람이라면 누구나 언어를 알아야 한다. 여기서 언어는 라틴어가 아니다! 예를 들면 우주 안에 철학이 쓰였다는 갈릴레이의 말에 뒤이어 나오는 문장을 보면 그 언어가 무엇인지 분명히 알 수 있다.

"(…) 책에 쓰인 언어를 배우고 기호들을 알려고 노력하지 않으면 책을 이해할 수 없다. 책은 수학 언어로 작성되었고 기호들은 삼각형, 원형, 다른 기하학 도형이다. 이런 수단이 없다면 인간적으로 어떤 단어도 이해할 수 없다."

즉, 인간은 자연이라는 위대한 책(신에게만 허락된 책)을 완전히 이해할 수 없다고 하더라도 이런 체계적인 해독 방식을 통해 학문적 모험을 할 수 있다는 말이다.

역사는 지금까지 갈릴레이의 판단이 옳다고 인정하는 듯하다. 기초 물리학은 점점 복잡해지고 효과적으로 발전하는 수학 도구로 물질들을 끊임없이 연구해 뒤에 가려져 있던 심오한 대수 관계를 밝혀내려고 한다. 오늘날 훌륭한 수학 지식을 습득하지 않고 물리학자가 되려는 생각을 하는 사람은 아무도 없다. 그런데 수의 관계가 천체의 여러 행성 또는 원자의 전자와 같은 현상을 도대체 어떻게 '지배'하는 것일까? 물리학은 어째서 수학과 이렇게 밀접한 관계를 유지하는 것일까?

이 신비는 갈릴레이 시대나 현재나 여전히 풀리지 않은 듯하다. 사실 갈릴레이는 신중해 숫자나 도형이 주는 신비주의에 심취하지 않았다. 물론 기하학 용어로 물체의 운동을 생각하고 유클리드의 증명 방식을 기반으로 추론했다. 갈릴레이에게 수학은 엄연히 발견의 조력자이자 현실에 접근하는 길이었다. 갈릴레이가 심오한 현실까지도 수학적 차원의 문제라고 믿었는지는 알 수 없다. 하지만 여전히 우리는 갈릴레이 영향 아래 살고 있다. 예를 들면 갈릴레이의 책에 영감을 받은 미국 이론 물리학자 유진 위그너는 1960년, 자신의 논문에 〈자연과학에서 수학의 비이성적인 효율성〉이라는 제목을 붙여 유명해졌다.

 함께 읽으면 좋은 책

《갈릴레오의 진실 : 논란 많은 한 천재 과학자를 위한 변명》
갈릴레오 갈릴레이가 지인들과 주고받은 수많은 편지를 바탕으로 행간의 의미를 꼼꼼히 분석하면서 천재 과학자 갈릴레오의 업적과 진면모를 균형적인 시각에서 서술한다.

윌리엄 쉬어·마리아노 아르티가스 지음, 고중숙 옮김, 동아시아, 2006.

"나는 가설을 세우지 않는다"

1687년 뉴턴은 고전 물리학 역사에서 가장 중요한 책으로 꼽히는《자연철학의 수학적 원리》를 세상에 내놓았다. 이 책에서 그는 운동 법칙과 중력 이론을 밝혔다. 처음으로 가장 큰 천체의 운동과 지상에서 가장 작은 포탄의 운동을 동일한 공식인 '중력'으로 통합해 설명한 것이다.

이 대단한 결론은 20세기 초까지 과학의 중심에 자리 잡았지만 뉴턴이 발표한 때에는 유명 학자 몇 명의 반대에 부딪혔다. 특히 독일 수학자이자 물리학자 라이프니츠는 그 유명한 '중력'에 거의 설득당하지 않는 모습을 보였다. 중력은 최소한의 뚜렷한 접촉 없이 먼 거리에서 즉시 작용하는 눈에 보이지 않는 힘이다. 자연의 굉장한 매력 아닌가! 하지만 라이프니츠는 표면에서 구체적으로 작용한다는 조건 아래에서만 물체가 물리학적 변화를 겪을 수 있다고 주장했다. 그럼 중력의 영향을 어떻게 설명할까? 미세한 입자의 보이지 않는 영향으로? 만질 수 없는 액체의 섬세한 운동으로?

　이렇게 민감한 문제에 직면한 뉴턴은 1713년《자연철학의 수학적 원리》2판을 추가로 출간했다. 2판에는 자신의 입장을 분명히 밝힌 일종의 철학 부록을 달았다. 그리고 여기에 쓴 "여러 현상을 근거로 중력이 가진 다양한 특성의 원인은 아직 추론할 수 없지만 나는 가설을 세우지 않는다. (…) 중력은 존재하며 우리가 설명한 법칙에 따라 작용하고 중력이 천체와 바다의 모든 운동을 설명할 수 있다는 사실만으로도 충분하다."라는 문장은 유명해졌다.

　이는 방법론적인 방어선일 수도 있다. 뉴턴은 자신의 이론이 과학 토론에서 끝나지 않고 더 나아가 이리저리 끌려가는 상황을 피하고 싶었다. 그가 제시한 법칙은 많은 현상을 설명하고 정확히 기술할 수 있게 했다. 하지만 이런 법칙이 중력의 개념이 제기하는 심오한 질문에 대한 해답을 제공하지는 않았다. 게다가 중립적인 여러 방정식은 물체가 멀리서 작용한다는 것과 여전히 알려지지 않은 어떤 '매개체'가 이런 작용을 전달한다는 것을 배제하지 않고 있었다.

　뉴턴 자신도 중력의 작용 방식과 원인을 분명히 밝히는 것을 여러 번 시도했지만 매번 실패했다. 그렇다고 해서 이런 난관이 연구를 멈추게 하지 않는다는 사실을 뉴턴은 강조한 것이다! 중력은 존재하며 우리는 이제 중력의 영향 아래에서 물체의 운동을 설명하는 법칙을 공식으로 표현할 수 있게 되었다. 왜 중력의 내부 성질을 모른다고 우리가 발견한 사실을 적용하지 못하게 가로막아야 하는 것일까?

따라서 뉴턴의 "나는 가설을 세우지 않는다."라는 말은 통상적인 가설을 공식으로 나타내는 것을 거부한다는 의미가 아니다. 정반대다. 모든 과학 발전의 중심에는 가설이 존재하며 특히 여러 현상을 설명할 때 그렇다. 하지만 경험에 의거한 결론에 도달할 때만 가설이 필요하다는 조건이 붙어야 한다는 것이다. "가설은 실험에서 제시된 질문이나 추측일 뿐이다."라고 뉴턴이 지적했기 때문이다.

뉴턴은 존재가 확립되지 않은 개체를 참조하거나 증거가 아닌 가설을 과학적으로 설명한 보고서를 작성하는 것을 거부했다. 구체적으로 뉴턴이 라이프니츠나 프랑스 수학자 데카르트가 내놓은 중력 문제에 대한 가설을 비난한 이유는 현상에 대해 '미리' 생각하는 것은 구체적인 반대 의견이 없는 단순한 추론의 연속이기 때문이다. 현상이 말하지 않는 곳에서 뉴턴은 현상이 말하는 척 '가장'하지 않았다. 그는 부족한 설명을 대신하기 위한 허구를 구상하는 행동을 멀리했다.

아이작 뉴턴

그렇다고 뉴턴이 모든 형이상학과 거리를 둔 것은 아니다. 태양계의 우아함과 지구 동식물의 놀라운 복잡성은 자연적인 원인에서 나타날 수 없었을 거라고 단언했다. 두 가지 모두 우주의 설계자이자 우주 법칙의 주관자인 신의 힘을 증명하는 것이라고 생각했다. 더 놀라운 점은 오랫동안 뉴턴이 은밀히 연금술 연구에 몰두했다는 사실이다. 어쩌면 연금술을 연구하면서 여러 현상의 내부 성질에 대한 몇 가지 비밀을 찾아낼 수 있기를 바라는 마음이었는지도 모른다. 연금술을 연구했던 거대한 개인 서재, 여러 저서와 실험은 재료의 변성에 대해 그가 내놓은 가설들이 폭넓은 사색을 기반으로 했음을 보여 주며, 동시대 수많은 과학자를 전율하게 만들었을 것이다! 따라서 우리는 아이작 뉴턴 '역시' 뛰어난 연금술사였다는 사실을 인정해야 한다. 하지만 이런 뉴턴의 이중생활은 지금까지도 풀리지 않는 수수께끼다.

 함께 읽으면 좋은 책

《뉴턴의 비밀노트》
뉴턴에게 영향을 미친 수학적, 천문학적, 연금술적 바탕과 그 과정에서 상호 작용한 과학자들의 일화를 중심으로 구성했다. 여기에 뉴턴의 논문은 물론 개인적 편지들도 함께 보여 준다.

조엘 레비 지음, 정기영 옮김, 씨실과날실, 2012.

프랑스의 변호사·수학자, 1601~1665

"나는 정말 멋진 증명을 찾았다.
여백이 그 증명을 담기에는 너무 좁다"

프랑스 남부 툴루즈에서 법관으로 일하던 피에르 드 페르마는 수학 역사상 가장 유명한 문제를 냈다. 그는 자신이 특히 좋아했던 고대 그리스 수학자 디오판토스의 책 여백에 간단해 보이는 명제를 적었다. "n이 2보다 클 때 $x^n+y^n=z^n$을 만족하는 양의 정수 x, y, z가 존재하지 않는다."라는 명제였다.

사실 오래전부터 제곱한 정수 두 개를 더한 값은 정수의 제곱값이라는 사실은 알고 있었다. $3^2+4^2=5^2$나 $12^2+5^2=13^2$를 예로 들 수 있다. 유클리드도 이와 같은 유형인 두제곱의 세 쌍이 무수히 많다는 명제를 증명하기도 했다. 하지만 $x^3+y^3=z^3$와 같은 방정식을 만족시키는 수도 찾을 수 있을까? 페르마는 이상하게도 세제곱 방정식을 만족시키는 수는 찾지 못한다는 사실을 발견했다. $x^4+y^4=z^4$는 어떨까? 네제곱 방정식을 만족시키는 수도 많지 않다. 실제로는 페르마가 시도한 두제곱 이상의 거듭제곱 방정식을 만족시키는 수는 하나도 없었다.

이것이 바로 페르마가 디오판토스의 책 여백에 적었던 흥미로운 발견이다. 그런데 페르마는 명제에서 당연히 필요한 증명을 전개하지 않고 "나는 정말 멋진 증명을 찾았다. 여백이 그 증명을 담기에는 너무 좁다."라는 실망스러운 주석을 적어놓기만 했다. 단지 거만한 행동이라고만 봐야 할까?

근대 정수론의 설립자이자 해석 기하학과 확률론의 선구자로 불리는 명석한 두뇌의 소유자인 페르마는 눈에 띄지 않는 천재였다. 저서 출간이나 명예에 관심이 거의 없던 그는 자신이 만난 발견에 대한 증명을 어쩌다가 보여 주고는 했다. 이런 특수한 경우에서 페르마가 보여 준 가벼움은 그의 증명이 간단히 손안에 있다고 생각해 더욱 수학자들의 호기심을 건드렸다.

1760년경 스위스 수학자 겸 물리학자 레온하르트 오일러는 n=3인 경우를 증명하려고 했지만 진전이 없었다. 그는 페르마의 집을 샅샅이 뒤져 달라는 요청을 했지만 아무 힌트도 찾을 수 없었다. 1825년 독일 수학자 구스타프 레이조네 디리클레와 프랑스 수학자 아드리앵 마리 르장드르는 함께 n=5인 경우의 증명을 연구했다. 1847년 독일 수학자 에른스트 쿠머는 n=36까지 페르마의 추측을 증명했다. 다른 수학자들도 수의 특정 집합에서 명제가 참이라는 것을 증명하는 방법을 연구했다. 눈에 띄는 진전도 있었다.

20세기 대규모 계산을 자동화하는 컴퓨터가 등장하면서 증명 연구도 새롭게 활력을 되찾았다. 그리고 1990년대 초 반증이 존재하려면 지수 n이 400만 이상이어야 한다는 것이 증명되었다! 일어날 수 없어 보였지만 불가능한 일은 아니었다. 그렇다면 아마추어 수학자와 전문 수학자가 350년 동안 밝혀내려고 했던 일반 증명은 왜 실패했을까?

1993년 영국 수학자 앤드루 와일즈는 모든 지수를 포괄하는 일반 증명에 성공했다고 발표했다. 그는 도서관에서 수학책을 읽다가 열 살 때 이 문제에 빠졌다. 가장 위대한 수학자들의 명민함을 좌절시킨 이 기본적이면서 분명한 페르마의 수학 문제는 어린 영혼을 사로잡았다. 그는 수학 문제를 연구하고 싶다는 열정으로 가득 찼다.

뛰어난 수학 연구를 이어오던 앤드루 와일즈는 페르마의 정리를 증명하는 데 온전히 집중하기로 결심했다. 그래서 고립된 채 비밀스럽게 혼자 연구에 몰두했다.

그 결과, '페르마의 가설'은 결국 '페르마−와일즈의 정리'가 된 것일까? 완전히 그렇지는 않다. 200쪽에 달하는 논문을 검증하기 위해 지명된 심사위원 여섯 명 중 한 명인 수학자 닉 카츠가

피에르 드 페르마

오류를 발견하면서 와일즈는 이 논리의 빈틈을 메우기 위해 1년 더 연구했다. 그 이후 입증을 받은 최종 증명은 역사에 기록되었다.

이렇게 수학에서는 간단해 보이지만 증명하기가 매우 까다로운 명제들도 있다. 페르마의 추측에는 와일즈가 참신한 기법을 고안하면서 짧은 등식을 끝내기 위해 정수론에서 가장 복잡한 여러 방식이 동원되었다. 간단해 보이지만 증명하기에 매우 까다로운 추측들은 여전히 존재한다. 예를 들면 프로이센 수학자 골드바흐의 추측인 "모든 짝수는 두 소수의 합으로 나타낼 수 있다."가 있다. 이 명제는 많은 경우의 수에서 확인되었지만 여전히 이를 증명할 수학자를 기다리는 중이다.

"나는 정말 멋진 증명을 찾았다. 여백이 그 증명을 담기에는 너무 좁다."라는 문장에 대해 우리는 어떻게 생각해야 할까? 그저 허풍이라며 페르마를 비난할 수는 없다. 와일즈가 적용한 수학적 도구들은 매우 풍부했고 일부는 최신 것이었다는 사실을 기억하자.

최신형 수학적 도구들은 페르마가 사용했던 지식과는 매우 거리가 먼 개념과 방법이었기 때문에 페르마가 생각했던 증명이 부정확하거나 불완전해 보일 정도였다. 그럼에도 불구하고 페르마의 주석은 추측이며 이 장은 이를 증명하기에 너무 좁다.

페르마의 정리는 워낙 악명 높아 많은 사람이 그에 대해 말을 남겼다. 19세기 최고의 수학자로 불리는 가우스는 "그런 정리 따위에 전혀 관심 없다. 참인지 거짓인지 증명도 안 되는 명제 따위는 나도 얼마든지 만들 수 있다."라고 했고 20세기 초 위대한 수학자 힐베르트는 "이 문제는 황금알을 낳는 거위다."라고 말했다. 과연 진실은 무엇일까?

 함께 읽으면 좋은 책

《페르마의 마지막 정리》

뛰어난 실력의 아마추어 수학자 페르마가 대수학자들까지 곤란하게 만든 희대의 문제는 무엇일까? 이 책은 페르마 외에도 수학의 아름다움에 빠진 수학자들의 꿈을 한 편의 드라마처럼 엮어 놓았다. 위대한 천재들의 치열한 삶을 흥미롭게 읽을 수 있다.

사이먼 싱 지음, 박병철 옮김, 영림카디널, 2014.

피에르 드 페르마

제3장
정복한 과학

"아무것도 사라지지 않고 아무것도 새로 만들어지지 않으며 모든 것은 변화한다"

'근대 화학의 아버지'라 불리는 앙투안 라부아지에는 "아무것도 사라지지 않고, 아무것도 새로 만들어지지 않으며, 모든 것은 변화한다."라고 쓴 적이 결코 없었던 것으로 보인다. 하지만 세간에서 전부터 이 글의 주인을 라부아지에로 지목했던 이유는 이 말이 그의 과학 업적에서 중요한 측면을 보여 주기 때문이다. 라부아지에의 저서 《화학 원론》(1789)에서 이와 가장 비슷한 문장을 살펴보자.

"기술 작용에서도 자연의 작용에서도 새로 만들어진 것은 아무것도 없다. 모든 작용에서 작용 전후 물질의 양은 동일하며 (…) 변화와 변형만 있다고 전제할 수 있다. 화학 실험을 진행하는 기술은 모두 이 원리를 기반으로 세워진다."

물질이 변형 과정에서 양적으로 보존된다는 개념은 18세기 말에 매우 혁신적인 것은 아니었다. 이미 많은 화학자가 어떤 형태 또는 다른 보존 형태를 근거로 고체와 액체의 변화를 이해하려고 노력했기 때문이다. 하지만 여러 가지 현상이 수수께끼로 남아 있었다. 일부 물질은 물에서 식물이 성장하듯이 생겨나는 것 같았다. 또 다른 물질들은 금속의 고열 처리 과정처럼 사라지는 듯했다. 어떤 물질들은 특이한 변환을 겪는 것처럼 보였다.

참과 거짓을 가리기 위해 라부아지에는 이 수수께끼들을 실험했다. 매 실험마다 반응물과 생성물의 무게를 체계적으로 측정하기로 했다. 예를 들면 1772년 공기가 담긴 밀폐된 용기 안에서 인을 태우고 실험을 진행하기 전의 무게보다 반응물의 무게가 더 많이 나가는지 확인했다. 다른 물질이 나타났을까? 그렇지 않았다. 정밀 측정해 보니, 무게가 증가한 이유는 물질이 태워지는 동안 공기가 물질에 붙어 흡수되었기 때문이라는 사실이 밝혀졌다. 기체 상태이던 물질이 반응물의 총 무게에 더해진 것이다. 그리고 1776년 새로운 수수께끼가 등장했다. 라부아지에는 공기가 든 밀폐된 용기 안에서 수은을 끓이고, 산화된 수은(즉, 공기의 산소에 의해 변형된)을 얻었다. 그런 다음 잔존 공기의 무게를 측정해 보니, 분명히 무게가 감소했다. 남은 것은 대부분 산소가 없는 공기로 질소(공기의 또 다른 성분)였다.

그런데 산소는 정확히 어디로 간 것일까? 정말 '물질이 사라진' 것일까? 그렇지 않다. 이번에는 산화된 수은에 다시 열을 가해 확실히 산소를 분리했다. 이어서 보존해 둔 질소가 담긴 유리 용기에 분리된 산소를 조심스럽게 넣었다. 산소와 질소가 만나자 본래의 여느 공기로 다시 만들어졌다. 라부아지에가 이 과정 끝에서 확인한 것은 무엇이었을까? 공기의 총 무게가 '변하지 않았다.'는 것이다. 보존 법칙이 잘 지켜졌다.

마침내 1768년 라부아지에는 100일 넘는 동안 끈질기게 열을 가하면서 용기에 담긴 물을 증류했다. 그리고 전까지 보지 못했던 침전물을 발견했다. 라부아지에는 '물질의 변환'을 발견한 것일까? 정말 물이 '흙'으로 변할 수도 있는 것일까? 둘 다 아니었다. 라부아지에는 기화 다음 응축이 일어난 후에도 물의 양은 변함이 없다는 것을 보여 주었다. 그렇다면 이 침전물은 무엇이었을까? 반응 전과 후에 용기를 꼼꼼하게 측정해 보니, 침전물은 줄어든 용기의 무게와 동일했다. 따라서 용기에서 떨어져 나온 잔류물일 뿐이었다.

이렇게 라부아지에는 화학 반응에서 질량 보존의 법칙을 주장했다. 이 원리는 일부 인정받을 만했다. 그는 가스 측량기, 기압계, 열량계, 특히 저울 등 정확한 실험 장비를 사용했기 때문이다. 빈틈없는 회계 업무를 담당했던 경험 덕분에 이런 장비를 마련할 수 있었다. 특히 그는 관세에 대한 징세 청부인으로 일하면서 유럽에서 가장 정확한 저울을 가지고 있었다. 라부아지에는 밀수를 탐지할 때 뿐만 아니라 연구를 하면서 기체의 무게를 잴 때에도 저울을 사용했다. 얼마 후 화약과 질산칼륨 관리인으로 임명된 그는 필요한 장비가 매우 잘 갖춰진 넓은 실험실을 마련하기도 했다. 이곳에서 개인 자산을 써 가며 품질이 훌륭하고 신뢰도가 높은 실험 장비를 구입하거나 최고의 장인에게 직접 주문 제작했다. 이런 장비는 가끔 하나밖에 없는 것이기도 했다.

라부아지에는 물질의 양이 보존되는지 확인하면서 여러 변화의 무게를 세심히 측정했고 실험이 진행되는 동안 물질에 영향을 미치는 변화가 있었음에도 불구하고 반응물과 생성물의 총 질량은 같다는 결론을 내렸다. 라부아지에가 달성한 정확도는 화학 실험에서 새로운 표준을 정의하는 데 기여했으며 프랑스 과학자 그 누구도 라부아지에만큼 화학 분야에 결정적 영향을 미친 적이 없다고 말할 수 있겠다.

그런 그를 기다리는 것은 이번에는 정치적 혁명이었다. 라부아지에는 프랑스 혁명 시대의 공포 정치 한가운데서 앙시앵 레짐(ancien régime, '과거의 제도'라는 의미로 프랑스 혁명 전의 제도를 뜻한다—옮긴이)의 하수인이었다는 과거 행적의 가공된 죄목으로 단두대에서 처형당했다. 이후, 수학자 루이 드 라그랑주는 "단두대 사형이

집행된 것은 한순간이지만 라부아지에 같은 인물이 세상에 다시 나타나려면 어쩌면 100년 넘게 기다려야 할 것이다."라는 씁쓸한 논평을 남겼다.

라부아지에 사후 부인인 마리 안 라부아지에가 남편의 유고를 정리한 덕분에 그 업적이 알려졌다. 함께 실험하기도 했던 마리는 남편의 사형에 반대하지 않았던 친구나 동료와 평생 인연을 끊었다고 한다.

 함께 읽으면 좋은 책

《멋지고 아름다운 화학 세상》
일상생활에서 매일 마주하면서도 미처 깨닫지 못한 모든 화학에 대한 이야기. 아침에 눈떠 저녁에 잠자리에 들 때까지 눈으로 보고 냄새를 맡고 맛을 보고 만지고 느끼는 모든 것을 화학 물질로 말한다.

존 엠슬리 지음, 고문주 옮김, 북스힐, 2020.

앙투안 라부아지에

"신이 창조했고 린네가 분류했다"

　　열렬한 린네의 지지가가 쓴 린네 자서전을 펼치면 "신이 창조
했고 린네가 분류했다."라는 라틴어 문장이 린네의 초상화를 장식
한다. 이 문장은 자칫 거만해 보일 수도 있지만 그때 린네는 '아무
나'가 아니었다. 스웨덴 왕궁 의사, 칭송받는 교수, 여러 권의 책을
집필한 작가, 노련한 식물학자인 그는 생전 유럽에서 가장 유명한
박물학자였다.

　　하지만 린네가 혁명적인 발견을 한 것은 아니었다. 그는 백과
사전 방식의 책을 집필했다. 린네가 자연과학에 기여한 주요 공헌
은 '분류하기, 묘사하기, 명명하기' 세 가지로 설명할 수 있다. 그
는 자연계에 거대한 분류 체계를 만들었다. 세 가지의 기본계인

동물계, 식물계, 광물계는 강, 목, 속, 종으로 나뉘어 정리되었다. 특히 린네가 특별히 신경을 쓴 식물계는 24강으로 분류되었는데 주로 꽃의 수술과 암술, 달리 말해 꽃의 생식 기관에 따라 나누었다. 이러한 분류 체계는 방대한 자료에서 일관성 있는 기준을 제시했다.

이 실용적인 분류 체계 덕분에 깊이 있는 식물 지식이 없어도 누구나 간단히 관찰해 린네와 같은 결론에 도달해 새로운 종을 분류할 수 있었다. 탐험, 국제 무역, 정복을 통해 그동안 알려지지 않았던 표본이 끊임없이 등장하던 시대에 린네의 분류 방식은 상당한 지지를 받았다. 린네는 쉬지 않고 자신의 관찰과 선대 학자들의 관찰, 전 세계 거대 통신원의 인맥을 기반으로 여러 종을 정리했다. 그는 기념비적인 자신의 저서 《식물의 종》(1753)에서 식물을 1,000여 속, 6,000여 종으로 분류했다!

또한 린네는 식물의 외형을 묘사하는 용어도 다수 도입했다. 그는 라틴어를 기발하게 사용해 최소한의 기호로 최대한의 정보를 제공하는 언어를 만들어 냈다. 정보를 작성하는 방식으로 각 종을 묘사하기 위한 엄격한 규칙 체계였다. 린네는 분류학이 명명법 없이는 안 된다고 생각했다. 그래서 라틴어로 된 두 단어를 시작으로 동식물의 종을 각각 지칭하는 '이항 명명법'을 개발했다. 마치 성과 이름을 짓는 방식처럼 말이다. 이후 토마토는 '솔라눔 리코페르시쿰', 늑대는 '카니스 루푸스', 사람은 '호모 사피엔스'

(1758년부터)라는 명칭을 갖게 되었다. 이러한 명명법은 전 세계적인 성공을 거두었고 공유된 명명법을 통해 다양한 사용법과 용어가 하나로 통일되면서 린네의 분류법이 확산되는 데 기여했다. 오늘날까지 대부분의 생물학자는 린네의 명명법을 사용하고 있다.

처음 문장으로 돌아가 보자. 여기서 신은 왜 언급되었을까? 린네가 책 집필을 끝낸 시기는 진화 이론이 발전하기 이전이라는 사실을 잊으면 안 된다. 결국 린네는 다양한 동식물의 종이 창조(성서에서 정의하는 의미) 이후 고정되어 있다고 생각했던 것이다.

목사 아들이던 린네는 자연적인 것이 저마다 품고 있는 월등한 신의 섭리를 알아내려고 했다. 겉으로 보기에 무질서한 자연의 모습 뒤에서 '최고의 창조자가 만든 매우 현명한 생명체들의 배열'을 밝혀내야 하는 것이 자신의 역할이라고 생각했다. 그래서 명명법에 대한 린네의 고민은 생명체를 분류하는 프로젝트와는 관련이 없었다. 그것은 자신이 이해하고 있는 지식에 어울리는 이름을 각 피조물에 부여하는 것에 대한 고민이었을 뿐이다.

이러한 사명을 상기하면서 린네는 자신을 당대 가장 위대한 과학 개혁자로 여겼다. 신의 업적에 다가가려는 노력 자체를 영광스러운 명예로 생각한 것이다. 그래서 기회가 닿으면 스스럼없이 자화자찬했다. 《식물의 종》에서는 자신의 저서가 "과학 역사상 가장 위대한 책이다."라고 말하기도 했다. 스웨덴 국회에서는 "저는 기본적으로 자연 역사의 모든 영역을 재편하면서 자연 역사의 수준을 높였습니다. 오늘날 저의 도움과 지침 없이는 아무도 이 분야에서 어떤 발전도 이룰 수 없다고 생각합니다."라고 분명히 말했다. 자신의 초상화 속 영원히 빛나는 라틴어 문장은 린네의 거만한 만족감을 잘 보여 준다.

 함께 읽으면 좋은 책

《자연은 왜 이런 선택을 했을까 : 51개의 질문 속에 담긴 인간 본성의 탐구, 동식물의 생태, 진화의 비밀》

'생태학이란 무엇인가? 왜 사람은 피부색이 다른 사람을 불안해하는가? 줄무늬가 있는 말은 어떻게 출현했는가?' 등의 자연과학적 질문에 인문학적 성찰을 덧붙인 책이다.

요제프 H. 라이히홀프 지음, 박병화 옮김, 이랑, 2012.

칼 폰 린네

프랑스의 수학자·천문학자, 1749~1827

"저는 그런 가설이 필요하지 않습니다"

이 신성모독적인 발언이 어떻게 나왔는지 살펴보자. 프랑스 천문학자 프랑수아 아라고가 전한 이야기에 따르면 다음과 같다.

어느 날 나폴레옹 보나파르트 장군은 천문학 지식을 소개한 책 《우주계에 대한 설명》을 훑어본 후 저자 라플라스를 불렀다고 한다. 아마도 격노했을 이 훗날의 황제 나폴레옹은 라플라스에게 이렇게 말했다.

"자네가 모든 우주계를 만들고 모든 천지창조의 계율을 세웠더군. 자네 책에서는 단 한 번도 신의 존재를 말하지 않았네!"

"전하, 저는 그런 가설이 필요하지 않습니다."

라플라스가 이렇게 답했다지만 사실 이 증언을 완전히 믿을 수는 없다. 역사학자들도 진위 여부에 대해 의견이 분분하다. 이에 대해서는 라플라스가 가진 결정론적 견해로 이해하는 것이 일반적이다.

그는 뒤죽박죽이거나 변덕스러워 보이는 모든 현상이 자연법칙을 따르는 것일 뿐이라고 주장했다. 그래서 그는 수학적 천문학에서 위대한 인물로 평가받았다. 라플라스는 자연법칙에 대한 지식이 자연 과정의 변화를 예측할 수 있는 가능성을 이론적으로 제공한다고 생각했다. 그리고 물리학에서는 이미 잘 알려진 방식에서 영감을 얻었다. 단순한 물체의 운동을 묘사할 때 물체가 따르는 힘과 운동의 기본 조건을 알기만 하면 무엇이 물체의 궤적일지 정확히 예측하는 방법이다.

이렇게 적용 범위가 넓은 물리학적 방식이 어째서 모든 분야로 확장될 수 없었을까? 라플라스는 "주어진 잠시 동안 어떤 지식인은 자연에 활력을 주는 모든 힘과 자연을 구성하는 생명체 각자의 상황을 이해하고 (…) 우주의 가장 큰 물체와 가장 가벼운 원자의 운동을 같은 방식으로 포괄할 수 있을 것이다. 그에게 불확실한 것은 아무것도 없고, 과거처럼 미래가 그의 눈앞에 있을 것이다."라고 단언했다. 달리 말해 정말 완전한 과학을 통해 정확히 모든 현상을 이해하고 예상할 수 있으며 그 현상이 크든 작든 단순하든 복잡하든 움직이든 살아 있든 상관없다는 것이다. 마치 물리학에서 어떤 단순한 운동을 예상하고 이해할 수 있는 것처럼

피에르 시몽 라플라스

말이다.

라플라스는 이러한 논리가 이론적 가능성이며 이렇게 놀라운 성과는 인간의 사고에서 접근할 수 없다는 점을 인정했다. 그런 까닭에 그는 자신의 의도를 분명히 보여 주기 위해 절대적 '지식인'을 언급한 것이다.

몇몇 증언을 보면 라플라스가 계시 종교(인간에 대한 신의 은총을 바탕으로 하는 종교. 기독교, 유대교, 이슬람교 등―옮긴이)에 회의적 입장을 보였다는 사실을 짐작하게 한다. 그는 젊은 시절 과학 연구를 위해 가족이 미리 정해 놓은 자신의 직업인 성직자를 포기했다. 그가 보기에 종교적 기적과 신비함은 건강한 철학을 퇴보시키는 미신이나 허구일 뿐이었다. 누군가 사람들의 순진함을 이용하는 것이라고 말이다.

하지만 라플라스의 자서전을 쓴 로저 한에 따르면 라플라스는 자신의 작품에 무신론적 의견을 드러낸 적이 결코 없었다. 그의 행적을 보면 오히려 우주의 주관자이자 조물주인 신의 존재를 완전히 배제하지 않았던 사상가라고 추측할 수 있다. 라플라스의 결정론은 원인과 결과의 일정한 흐름에 초자연적인 개입이 없었다고 하더라도 우주와 우주 법칙을 신이 만들었다는 주장이 존재할 수 있었다. 그렇다면 나폴레옹에게 한 대답은 과연 무슨 의미였을까?

우선 라플라스의 천문학 연구는 뉴턴의 연장선이라는 점을 분명히 해야 한다. 뉴턴은 행성의 운동을 이해하는 데 어떤 통찰력을 가졌지만 행성 사이의 일부 불규칙성을 완전히 설명하지는 못했다. 불규칙성은 태양계의 안정성과 양립하기 어려웠다. 이런 난관을 해결할 수 없었던 뉴턴은 태양계 전체를 재조정해 '양립시키기' 위해 가끔 신의 개입이 필요했을 거라고 추측했다. 그런데 라플라스는 이를 거부하고 자신이 연구한 계산을 통해 신의 개입을 피할 수 있었다. 행성의 배열과 운동이 자연법칙에 의해 모두 설명된다고 주장했다. 라플라스는 간결한 문장을 통해 일반적으로 신이 필요하지 않다고 으레 주장한 것이 아니라 자연의 일정한 흐름을 이해하기 위해 신의 개입을 제외할 것을 주장한 것이다. 요약하면 라플라스는 신을 최고의 건축가로 생각했지만 신이 우리의 무지를 메워 주는 존재가 되어서는 안 된다고 본 것이다.

 함께 읽으면 좋은 책

《천문학 아는 척하기 : 알아두면 사는 데 도움 되는 천문학 기초 지식》
빅뱅 이론에서 태양계와 행성의 움직임, 밤하늘의 별자리와 태양의 궤도가 지구의 계절과 1년의 길이를 결정하는 과정, 천문학적 주기가 시간을 표시하는 방법 등을 알기 쉽게 설명해 준다.

제프 베컨 지음, 김다정 옮김, 팬덤북스, 2020.

피에르 시몽 라플라스

• 프랑수아 아라고 •

프랑스의 천문학자·물리학자, 1786~1853

"르베리에가 새로운 천체를 발견했다. 그의 펜 끝에서"

사건은 19세기 중반에 일어났다. 힘과 운동에 대한 고전 법칙(뉴턴의 운동 법칙—옮긴이)이 알려진 시대였다. 이 고전 법칙은 든든한 규칙성을 가진 표를 물리학자들에게 제공하면서 지구상에 움직이는 물체와 우주의 여러 행성의 운동 궤도를 정확히 계산하기 위해 사용되었다. 그런데 천왕성의 궤도가 불안하게 벗어나 있다는 사실이 발견되었다. 여러 방정식을 바탕으로 계산된 이론상 궤도와 천왕성의 궤도가 달랐던 것이다. 계산과 관찰 사이의 모순은 우려되는 부분이었다. 물리학 법칙은 보편적이어야 한다. 물리학 법칙은 어떤 상황에서는 참, 또 다른 상황에서는 거짓이 될 수 없기 때문이다. 그럼 어떻게 해야 할까? 지금까지 정확하다고 밝혀진 방정식을 일부 포기해야 할까?

파리 천문대 책임자 프랑수아 아라고는 젊은 천문학자 위르뱅 르베리에에게 이 문제를 해결하라는 임무를 맡겼다. 르베리에는 심사숙고 끝에 뉴턴의 중력 법칙을 버리지 않기로 했다. 그리고 1845년 '여전히 알려지지 않은 행성'이라는 가설을 세웠다. 가상 행성의 추가적으로 끌어당기는 힘 때문에 천왕성이 이론상 궤도에서 벗어난 이유를 설명하는 내용이었다. 그렇다면 어떻게 이 가설을 확인해야 했을까? 르베리에는 천왕성의 벗어난 궤도를 나타내기 위해 가상 행성의 질량, 위치, 궤도를 계산했다. 계산이 끝나자마자 르베리에는 해외 천문학자들에게 가상의 행성이 있을 거라는 가설을 입증하는 데 참여해 달라는 편지를 보냈다. 베를린 천문대 소속 젊은 천문학자 요한 갈레도 1846년 9월 23일 르베리에의 편지를 받았다. 그날 저녁 갈레는 편지에 적힌 방향에 자신의 망원경을 고정해 알려지지 않은 아름다운 행성을 찾아냈다. 같은 해 9월 25일 갈레는 단도직입적인 글로 답장을 보냈다.

"선생님께서 알려 주신 위치에 행성이 '실제로 존재'합니다."

그리고 그 행성을 해왕성이라 불렀다.

우주를 지배하는 법칙의 비밀을 파헤친 천체 역학의 승리였다. 여덟 번째 행성이 확인된 후, 르베리에는 국가적 영웅으로 축하를 받았다. 프랑수아 아라고는 정식으로 자신의 동료로 르베리에를 대우했다.

그는 말했다.

"(다른 사람들도) 망원경으로 움직이는 점이나 어떤 행성을 우연히 몇 번 발견했지만 르베리에는 하늘을 쳐다보지도 않고 새로운 행성을 발견했다. 그는 자신의 펜 끝에서 그 새로운 행성을 보았던 것이다."

르베리에는 프랑스 최고 훈장 '레지옹 도뇌르'까지 받으며 지위가 상승했다. 소르본대학교는 그를 위해 천체 역학 교수직을 새로 만들기도 했다. 그리고 그의 동상은 파리 천문대 입구에 오늘날까지 서 있다.

그런데 이 발견은 정말 흠잡을 데가 없었을까? 사실 르베리에의 예측은 완전히 정확하지는 않았다. 예측한 질량이 너무 컸고 궤도도 부정확했다. 이런 오류가 있었음에도 프랑스는 기뻐했다. 르베리에가 천왕성의 수수께끼 같았던 불규칙성을 해결한 영국 수학자 존 애덤스와 공동으로 해왕성을 발견했다는 평가를 받았는데도 기뻐했다. 하지만 젊은 프랑스 천재의 가설을 확인했다는 명예는 파리 천문대에 돌아가지 않았다. 의외이지 않은가.

왜 르베리에는 행성이 있을 만한 하늘에 망원경을 고정해 달라고 프랑스 과학 아카데미에 직접 찾아가지 않았을까? 초조했던 르베리에는 결국 이 일을 타국 천문대에 요청했다. 왜 그랬을까? 어째서 이런 일이 벌어졌을까?

　그때 프랑스에는 천문 지도도 없었고 장비를 사용하기에도 부적절했으며 파리 천문학자는 줄고 있는 데다가 도전하려는 열정을 쏟기에도 제약이 있었다. 이런 여러 상황적 원인이 있지만 역사학자들은 르베리에의 행동을 설명하는 하나를 딱 집어내지는 못했다. 이 사건은 프랑스 천문학의 쇠퇴를 여실히 보여 주었다.

　얼마 지나지 않아 르베리에는 프랑스 천문학의 수준을 높이는 대공사를 시작하는 책임을 맡았다. 1854년 아라고의 뒤를 이어 천문대장 자리에 올랐다.

 함께 읽으면 좋은 책

《심심할 때 우주 한 조각 : 태양과 별, 은하를 누비며 맛보는 교양천문학》
미신을 과학으로 이끈 12개 별자리, 아인슈타인의 이론을 알 수 있는 초기 천문학, 태양계의 불가사의, 별의 체계, 신비로운 은하계 이야기 등을 다룬다.

콜린 스튜어트 지음·허성심 옮김, 생각정거장, 2019.

프랑수아 아라고

• 루이 파스퇴르 •

프랑스의 화학자·미생물학자, 1822~1895

"우연은 준비된 정신에만 베푼다"

1854년 유명 화학자이자 미생물학자 루이 파스퇴르는 프랑스 북부에 위치한 릴대학교 과학대학 개교식에서 "우연은 준비된 정신에게만 베푼다."라는 말을 처음 했다. 그때 그는 이 대학의 화학과 교수이자 과학대학 학장으로 임명되었다. 파스퇴르는 떨리는 목소리로 얼마 전 시행된 칙령을 향한 자신의 열정을 표명했다. 거기에는 스승의 수업을 참관했던 학생들에게 실험실 입장이 허용된다는 내용이 담겨 있었다.

파스퇴르는 자신이 그토록 좋아하는 실험과 관찰의 과학에 학생들도 참여할 수 있게 되었다는 사실에 기뻤다. 젊은이들의 생각에 흥미를 불러일으키고 기억 훈련에 도움을 주기 위해 실천만큼 필요한 것은 없었기 때문이다. 그러면서도 과학자가 단순히 여러 관찰을 셈하는 사람은 아니라고 강조했다. 기록된 현상을 해석하기 위해 각자 논거와 상상을 보여 줘야 한다는 것이다.

이 연설에서 파스퇴르는 과학 정신을 형성하기 위해 이론이 중요하다고 강조했다. 풍부한 이론 준비가 없는 실천은 판에 박힌 것에 지나지 않으며 의미가 빈약한 실천이 될 위험이 있다고 보았다. 이론만 '발견의 정신을 분출하고 발전'시킬 수 있어 어떤 관찰을 하다가 만난 우연을 결코 발견으로 취급하지 않았다.

이처럼 찾고 있던 것 말고 다른 것을 우연히 운 좋게 발견하는 것을 세렌디피티(serendipity)라고 부른다. 이런 우연의 열매인 발견이나 발명에서 역사가 인색하지 않은 것은 사실이다. 과학자들은 찾고 있지 않았던 무언가를 어쩌다 찾거나 기대하지 않았던 방법으로 발견하거나 예상한 것과 다르게 사용해 기존 방법을 활용하기도 했다. 알렉산더 플레밍이 페니실린을 발견했던 것처럼 연구자의 실수와 망각이 때로는 중요한 성공을 만들기도 했다.

파스퇴르도 가끔 운이 좋았다. 연구자 생활을 시작할 무렵인 1848년 포도산염에서 광학 성질이 상반되는 두 가지 결정 형태를 확인했다. 첫 번째 결정은 한 방향으로 빛을 편광시켰고 두 번째 결정은 반대 방향으로 편광시켰다. 이런 특성은 두 결정 형태가 거울로 보이는 서로의 상이기 때문이라는 사실을 최초로 이해하고 증명한 인물이 바로 파스퇴르다. 이는 위대한 미래를 기약하는 새로운 대칭 개념이었다. 그의 가설은 정확했지만 파스퇴르는 이와 관련된 분자 구조에 대해서는 몰랐을 수도 있다. 그때 실험실 조건에서 두 대칭 형태로 분리하는 작업이 별로 어렵지 않은 여러 희귀 물질 중 하나(포도산염)를 '우연히 만난 것'은 운이 좋았다고 말할 수 있기 때문이다. 그렇다고 그의 공로가 퇴색되는 것은 아니다. 그 사건이 없었다면 아마도 수십 년이 더 지나서야 포도산염이 발견되었을지도 모른다.

콜로라도대학교의 조지프 갈 교수는 파스퇴르에 대해 참신한 가설을 제안했다. 그는 비범한 과학자였을 뿐만 아니라 그림에도 소질이 있었다고 한다. 청소년 때부터 세부 묘사에 대한 큰 관심을 보여 주는 거대 사실주의 작품 수십여 점을 그렸다. 모두 아버지의 명령으로 그림을 그만두기 전인 스무 살에 그린 그림들이었다. 젊은 파스퇴르는 그때 유행하던 석판화 기법을 사용하기도 했다. 석판화란 물과 기름이 섞이지 않는다는 원리를 이용한 것이다. 우선 기름이 주원료인 크레용 등으로 판의 표면에 그림을 그리고 필요한 절차를 마친 후 판 위에 물을 적시면 그리지 않은 부분에만 물이 스며든다. 이때 롤러에 잉크를 묻혀 판 위에서 굴리면 잉크도 기름이므로 그림이 그려진 부분에만 묻고 그 밖의 여백에는 잉크가 올라가지 못한다. 그 위에 종이를 올려 석판화 프레스로 찍으면 석판화가 된다.

그런데 종이에 표현되는 최종 그림은 석판에 새긴 그림과 반대로 나왔다! 이런 현상을 잘 알고 있던 파스퇴르는 거울로 보이는 사물을 그리고는 했다. 시각 반전 효과에 대한 관심이 이렇게 대칭을 민감하게 생각하게 만들었는지도 모른다. 이는 파스퇴르가 실험실에서 자신의 위대한 첫 발견을 하는 데 영향을 미쳤을 것이다.

다시 "우연은 준비된 정신에게만 베푼다."라는 말로 돌아가서 이 정신을 준비하려면 무엇을 해야 할까? 원래 우연은 때와 장소를 가리지 않고 나타난다. 실험은 뜻밖의 일의 연속이다. 그런 상황 속에서 의미를 파악하고 기대하지 않았던 것을 제어하려면 어떻게 해야 할까? 물론 "행운은 용감한 사람에게 온다."라고 말하는 것으로 만족할 수도 있다. 아니면 파스퇴르처럼 훌륭한 이론 지식을 가진 연구자가 통찰력이 높아진다는 의견을 제시할 수도 있다. 앞에서 살펴본 파스퇴르에 대한 '예술적 가설'에 비춰 볼 때 최고의 준비는 실험실과 멀리 지내는 것이다. 여기서 실험실이란 젊은 과학자들을 규율이라는 좁은 한계에 가두지 말라는 의미다.

 함께 읽으면 좋은 책

《과학을 향한 끝없는 열정 파스퇴르》
파스퇴르의 과학적 업적을 이야기한 책이다. 위대한 과학자인 동시에 개혁적인 운동가로 살다 간 파스퇴르의 과학관과 인생관을 들여다본다.

르네 뒤보 지음, 이재열·김사열 옮김, 사이언스북스, 2006.

루이 파스퇴르

"많은 뱀 중 한 마리가 자신의 꼬리를 잡고 있었다"

　　독일 화학자 아우구스트 폰 호프만은 "벤젠 이론의 간단한 개념을 나의 모든 실험 연구와 맞바꾸겠다."라고 선언한 것으로 유명하다. 먼저 벤젠이라는 물질은 플라스틱, 염료, 고무, 용매, 향수, 의약품, 살충제, 폭약이나 식품 첨가물 등 여러 화합물의 합성에서 매우 중요하다는 점을 기억하자.

　　특히 벤젠은 중요한 특징이 있는데 1865년까지 아무도 알아차리지 못했던 부분이다. 즉, '유기 화학의 아버지'로 불리는 아우구스트 케쿨레가 벤젠의 구조를 밝혀내기 전까지 말이다. 그때 석유 화학은 유망 산업 분야였지만 여러 물질은 여전히 수수께끼와 같았다. 특히 벤젠의 화학식(C_6H_6)은 기존 개념을 깨뜨렸다. 케쿨레는 각각의 탄소(C) 원자가 4개의 다른 원자(C 또는 H)와 연결하려는 성질을 가졌다는 사실을 밝혀냈다. 바로 탄소의 속성이다. 그런데 벤젠의 탄소 원자는 6개인데 다른 원자의 짝 4개를 도대체 어떻게 찾을 수 있을까? 게다가 벤젠의 원자는 합쳐서 탄소 원자 6개, 수소 원자 6개인데 말이다.

그때 기술로는 분자를 볼 수 없었기 때문에 이 수수께끼는 더 어려운 문제였다. 화학자들은 혼합물, 연소, 계량을 바탕으로 추론하면서 되는 대로 분자 구조를 재구성하는 데 만족해야 했다. 여전히 아무도 원자가 무엇인지 정말 존재하는지조차 몰랐던 것은 말할 것도 없었다.

벤젠 구조를 발견하기 몇 해 전 케쿨레는 오늘날의 버스와 비슷한 합승마차인 옴니버스(omnibus)를 타고 런던 거리를 여행하던 중 어떤 광경을 목격했던 것 같다. 말이 끄는 옴니버스 안에서 그는 다른 원자들을 접목하는 각 고리마다 어떻게 탄소 원자들이 연쇄적으로 연결될 수 있는지 막연히 추측했다. 하지만 곧바로 그 생각을 벤젠에 적용한 것은 아니었다. 케쿨레는 여러 해 동안 악착같이 이 문제에 매달렸다. 어느 날 벨기에 도시 겐트에서 난롯가 옆 의자에 앉아 쉬다가 비몽사몽 와중에 여러 원자의 사슬이 머릿속에 다시 나타났다. 원자 사슬들은 서서히 움직이더니 여러 마리의 뱀처럼 서로 얽히기 시작했다. 이윽고 많은 뱀 중 한 마리가 자신의 꼬리를 잡고 있었다. 즉, 많은 사슬 중 하나가 고리 모

아우구스트 케쿨레

양으로 몸을 둥글게 말았던 것이다. 이는 케쿨레가 수수께끼를 푸는 열쇠가 되었다. 벤젠 분자가 고리 형태였던 것이다! 그리고 탄소 원자들은 이중 결합과 단일 결합이 번갈아 가며 연결되어 있었다. 육각형 고리 모양 구조는 화학 분야에 새로운 혁신을 일으켰다. 케쿨레는 재빨리 자신의 직감을 실험을 통해 증명했다.

케쿨레가 이 일화를 언급한 것은 1890년이다. 벤젠 구조를 발견하고 25년의 세월이 흐른 뒤였다! 베를린에서 화학 분야 유명 인사들이 모여 벤젠 고리 구조 발견을 기념하는 자리에서 그는 이 유쾌한 이야기를 전했다. 하지만 혹시 동료들 앞에서 낭만적인 후광을 만들기 위해 또는 잠재적 경쟁자들과 거리를 두기 위해 꾸민 소설 같은 이야기는 아니었을까? 밝혀진 진실은 아무것도 없다. 해박한 독자들은 케쿨레가 잠결에 본 이미지에서 고대 이집트 시대부터 비밀 종교의 글에 자주 나타났던 어느 괴물이 연상되었을지도 모른다. 바로 우로보로스(Ouroboros)다. 자신의 꼬리를 물어 원형을 만드는 뱀이나 용이다. 이는 영원 회귀와 시간 순환을 상징한다.

하지만 한편으로 케쿨레의 발언에 대해 우리가 잘못 알고 있는지도 모른다. 우선 그는 진짜 생물학적 뱀보다 '뱀의 모양'을 언급했다. 숨김없이 말하자면 그의 작업 크로키는 파충류보다 소시지와 더 비슷한 그림이다! 또 케쿨레는 과학적 몽상을 전혀 예찬하지 않는 이성론자였다. 그의 중후한 기념 연설은 연구와 이해에 필요한 인내심을 강조했다. 준비 작업에 대한 열정이 케쿨레의 빛나는 직감에 필요 조건인 것처럼 보인다. 설령 상상의 은총이 그에게 왔더라도 케쿨레의 이성이 활동하지 않은 것이 아니라 그가 병적으로 몰두했던 원자와 원자의 사슬에 대한 머릿속 이미지가 선잠 상태에서까지 자신을 쫓아왔기 때문일 것이다.

 함께 읽으면 좋은 책

《과학은 이것을 상상력이라고 한다 : 우리가 오해한 '과학적 상상력'에 관한 아주 특별한 강의》
구체적 사례를 통해 과학기술적 상상력의 진짜 모습을 확인하는 동시에 그것이 어떻게 과학 연구에 활용되고 인문학적·사회과학적으로 확장되는지 살펴본다.

이상욱 지음, 휴머니스트, 2019.

아우구스트 케쿨레

• 알프레드 노벨 •

발명가·화학자·노벨상의 창설자, 1833~1896

"평화 증진을 위해 쓸 많은 자금을 남겨 놓을 생각이다. 하지만 그 결과에 대해서는 회의적이다"

1896년 스웨덴 화학자 노벨의 유언에 따라, 인류 복지에 가장 구체적으로 공헌한 인물이나 단체에 수여하는 '노벨상'을 모르는 사람은 거의 없을 것이다.

노벨은 발명가로 활동하는 동안 일련의 폭발 물질과 기술을 개발했다. 특히 가장 유명한 그의 발명은 1863년 나온 다이너마이트였다. 청렴결백한 성품과 직업적 열정으로 끈기 있게 연구를 계속하던 노벨은 1860년대부터 자신의 가족 기업을 번성하는 다국적 기업으로 발전시켰다. 그 시대 제품 중 상대적으로 덜 위험하고 더 강력하면서도 가격이 저렴했던 노벨의 폭약은 굴착, 탄광, 대형 공사장은 물론 전쟁터에서도 사용되었다.

끊임없이 폭약 기술을 개선한 노벨은 100여 개 무기 제조 공장을 세웠다. 14세기 화약이 도입된 이후 노벨만큼 폭약 성능 향상에 이바지한 사람은 없다고 할 정도다! 그런데 1888년 동생 루드비그의 사망을 프랑스 한 언론에서 실수로 노벨의 부고로 작성했고 그에 대해 미화하는 단어 없이 "죽음을 판매하는 상인이 사망했습니다."라는 문장으로 표현했다. 노벨은 자신이 그런 식으로 평가될 수 있다는 데 깜짝 놀랐다. 자신이 원하는 애도는 분명히 아니었던 것 같다. 몇 년 후 노벨은 평화, 문학, 화학, 의학, 물리학 다섯 분야에서 인류에 공헌한 사람들에게 매년 보답하는 목적으로 재단을 설립하기 위해 자신의 재산을 남긴다는 유서를 작성했다. 그 자금으로 노벨 재단이 설립되었고, 노벨상은 훗날 가장 유명한 상이 되었다.

노벨은 왜 이런 행동을 했을까? 양심의 가책 때문일까? 생을 마감하기 전 10년 동안 왕래한 그의 편지에서 보이는 것은 전쟁에 대한 두려움이었다. 노벨은 평화주의 운동가이자 친구인 베르타 폰 주트너의 영향을 받아 평화의 중요성을 잘 알고 있었다. 유서 작성에 사용된 단어들도 베르타의 영향이 컸을 것이다. 노벨의 유서를 보면 노벨평화상은 "평화를 위한 회의를 개최하고 장려하며 국가 간 우애를 다지고 군대를 폐지하거나 축소하는 데 가장 큰 기여를 했거나 최고 업적을 세운 사람에게" 수여된다고 쓰여 있다. 1905년 베르타는 노벨평화상을 수상하기도 했다.

알프레드 노벨

하지만 노벨은 비무장 계획과 대규모 회의 개최가 실제로 평화를 가져올 것이라고는 확신하지 않았다. 더욱이 그는 자신의 재단이 미래에도 효력을 발휘할 수 있을지 의심했다! 세상을 떠나기 몇 해 전 노벨은 상황을 인정하며 이렇게 말했다.

"학자들은 계속 훌륭한 글을 쓸 것입니다. 노벨상 수상자도 있을 것입니다. 상황의 힘이 전쟁을 불가능하게 만들 때까지 전쟁은 똑같이 계속될 것입니다."

그렇다면 어떤 상황이 전쟁을 중단하는 힘을 가지고 있을까? 노벨은 상상을 초월하는 어마어마한 소멸 능력을 가진 물질이나 기계를 발명하면 전쟁을 멈출 수 있을 것이라고 보았다. 국가들이 몇 초 만에 서로 파괴될 수 있다는 경각심을 가질 때 전쟁은 무력화될 것이라고 알프레드 노벨은 추측했다. 그는 "어쩌면 우리 공장이 당신들의 국제회의보다 더 빨리 전쟁을 종식시킬 수도 있을 것이오."라고 베르타에게 빈정거리기도 했다.

노벨의 이런 생각은 언뜻 순진하거나 참담하거나 탐욕스러워 보이지만 이는 다음 세기에 등장하는 공포의 원자핵 균형을 예측한 것이다. 그는 전쟁을 중단시킬 수 있는 다른 가능성으로 전쟁을 경고하기 위해서 전범이 저지른 행동의 부당성을 조사하는 업무를 담당하는 국제기관 설립을 생각했다. 중재 재판소의 결정 집행은 부당한 전범국에 맞서 협력할 준비가 되어 있는 모든 국가에 의해 보장된다. 이런 경우 과연 어느 누가 전 세계의 증오를 맞닥뜨릴 위험을 감수하겠는가라고 여긴 것이다.

노벨상의 탄생 비화는 이처럼 현실적이고도 다소 부정적인 예측에서 출발했음을 알 수 있다.

 함께 읽으면 좋은 책

《노벨상 수상자와 함께한 24일 : 일상에서 궁금했던 물리 이야기》
일상에 존재하는 물리 현상을 노벨물리학상을 수상한 과학자들을 통해 이해하기 쉽게 들려준다. 수상 경위와 과정, 물리학계에 기여한 업적을 담았다.

레오니트 아자로프 지음, 남철주 옮김, 아인북스, 2012.

알프레드 노벨

· 칼 피어슨 ·

영국의 수리 통계학자·우생학자, 1857~1936

"과학적 방법은 각자의 재량에 달려 있다"

여러 과학 분야 사이에는 어떤 공통분모가 있을까? 과학은 어떻게 정의할 수 있을까? 과학은 이처럼 쉽게 답할 수 없는 영역이 분명히 존재한다.

그런데 사람들은 과학을 그 결과물만으로 인식하는 경향이 있다. 확실히 과학 영웅들이 새로운 방정식, 지금까지 알려지지 않았던 물질, 미지의 행성이나 자연법칙을 밝혀내면서 자신의 이름을 빛내고 결과적으로 과학사에서 경이로운 지식 축적이 일어나 그 방대한 발견 목록을 보는 것은 기분 좋은 일이다.

과학 분야마다 특정 전문 분야로 특징을 규정하는 것 역시 마찬가지다. 과학자 자신이 만들어 낸 용어, 학위, 실험실, 실험 장비와 연구 대상을 가지면서 말이다. 그런데 이와 관련해 혹시 잘못 알고 있는 것은 없을까?

우선 칼 피어슨에 대해 알아보자. 영국 수학자 피어슨은 최근 약간 잊힌 인물이다. 안타까운 일이다. 그는 현재 매우 다양한 분야에서 사용되고 있는 현대 통계수학의 토대를 세운 주요 인물이기 때문이다. 모든 새로운 치료약뿐만 아니라 경제 연구, 정책 결정이나 여론 조사는 오늘날 통계 도구를 통해 그 타당성을 확인한다. 피어슨은 현대 합리성에 필수인 계산 도구를 만든 인물 중 한 명이다. 사회과학 문제를 양적으로 분석하는 데 그와 견줄 만한 사람은 없다고 할 수 있으며 특히 생물학 문제를 다루는 데는 손에 꼽히는 학자였다. 통계를 조금이라도 다루는 사람이라면 피어슨의 업적에서 비롯된 '카이제곱 검정'이나 '상관계수'를 피할 수 없을 것이다.

다시 과학의 정의로 돌아가 보자. 피어슨은 내용이나 대상이 아닌 과정을 통해 과학이 정의된다고 보았다. 사실을 분류하고 통합해 관계를 파악하고 그 배열에서 법칙을 밝혀내는 것이 과학자의 활동이라고 특징지었다. 이런 사고방식을 직업이 과학자인 사람들에게만 적용하지 않고 사실 관계를 밝혀내기 위해 여러 사실을 분류하는 사람이라면 누구나 과학자로 보았다. 그리고 한 가지 전공 분야에 한정된 것도 아니다. 인류의 시작부터 오랜 연대, 별의 가스층 또는 지렁이의 소화기 계통 등 관심 대상은 중요하지

칼 피어슨

않았으며, 오직 개인이 모든 새로운 사실에 이런 방법을 적용하는 순간부터 과학이 되는 것이다!

처음부터 과학의 범위에서 벗어나는 것은 아무것도 없으며 과학의 재료는 물리적 사실과 사회·정신적 사실, 과거나 현재의 사실 등 모든 것을 포함할 정도로 방대하며 한계가 없다. 따라서 과학의 방법은 바로 과학의 본질이다. 어쩌다 중요한 결과가 사라졌더라도 현대 과학자들은 과학적 방법을 통해 결과를 다시 찾아낼 수 있을 거라고 확신할 수 있다. 하지만 반대로 과학에서 과정이 버려진다면 무슨 일이 일어날까? 피어슨보다 몇 년 앞서 니체가 강조했듯이 관찰된 사실을 무시하고 규칙성을 찾으려고 하지 않고 가설을 확인하지 않는다면 어떻게 "미신과 엉터리의 새로운 승리를 막을 수 있을지" 장담할 수 없다.

이런 관점에서 과학 활동은 진정한 도덕적, 정치적 가치를 지니고 있다. 실제로 피어슨은 "현대 과학은 사실을 정확하고 공정하게 분석하는 학문으로 견고한 시민 정신을 북돋우는 데 특히 알맞은 교육이다."라고 덧붙였다. 주관성의 격차와 편향을 제거할 수 있는 현대 과학은 현대 시민의 판단을 형성하는 데 가장 적합한 수단으로 보았다. 그는 사회적 논쟁이 주로 다양한 이기주의 탓에 제자리걸음 하는 상황에서 통계학이 당파적 관점을 초월해 시민을 위한 자원을 제시할 수 있기를 염원했다. 이런 과학적 방법의 일관성은 정신적 일관성과 닿아 있기 때문이었다.

하지만 정말 그의 말처럼 과학자가 된다는 것이 쉬운 일일까? 이에 피어슨은 단지 폭넓은 지식이 아닌 각자의 재량으로 과학적 방법을 얻을 수 있다고 답한다.

사실의 범위에서 성실히 연구를 이어 가다 보면 무엇이든 상관없이 일련의 다른 사실들을 과학적으로 다루는 습관이 생긴다는 점을 생각해 보자. 따라서 피어슨은 생각이 아닌 상상을 사로잡을 여러 발견들에 집중을 분산하는 것보다 일주일에 서너 시간 동안 제한된 분야를 연구하는 것이 낫다고 주장했다. 결국 과학자가 되기 위해 꼭 박식한 사람이 되어야 한다는 것은 오해일지도 모른다는 뜻이다.

 함께 읽으면 좋은 책

《통계의 아름다움 : 인공지능 시대에 필요한 과학적 사고》
데이터 사이언스에 관한 다양한 예제를 소개한다. 역사적으로 유명한 사건, 일상생활에서의 에피소드, 인터넷에서 화제가 된 주제 등으로 통계학 개념과 방법을 설명한다.

리찌엔·하이언 지음, 김슬기 옮김, 제이펍, 2020.

칼 피어슨

제4장
생명과 진화

• 윌리엄 하비 •

영국의 의학자·생리학자, 1578~1657

"동물의 심장은 생명의 근원이다"

1628년 영국 왕실 의사 윌리엄 하비는 그의 대표작으로 꼽히는《동물의 심장과 혈액의 운동에 관한 해부학적 연구》를 발표했다. 이 책은 혈액이 심장에서 동맥을 타고 몸의 끝까지 갔다가 정맥을 타고 심장으로 돌아와 허파에 도착해 결국 다시 심장까지 완벽히 한 바퀴 도는 혈액의 순환 구조를 밝혀냈다. 그때 교리처럼 전통 의학을 맹신했던 의사들은 하비의 책에 강력하게 이의를 제기했다. 반박했던 무리에 속했던 프랑스 극작가 겸 배우 몰리에르는 자신의 저서《상상병 환자》장비, 2017에서 현학적인 의사 토마 디아푸아뤼라는 인물을 등장시켜 그를 조롱하기도 했다.

이처럼 17세기까지 심장 생리학은 종교적 존경을 받기도 했던 아리스토텔레스와 갈레노스의 개념이 지배적인 분위기였다. 그 시대에 심장은 혈액을 움직이게 하기보다 데우는 역할을 한다고 알려져 있었다. 그리고 정맥과 동맥은 매우 뚜렷한 두 체계를 구성한다고 생각했다. 정맥은 간에서 만들어진 혈액을 보내 온몸에 공급하는데 이 혈액이 정맥을 통해 심장에 도착하자마자 데워지고 동맥은 여러 기관에 열과 생명을 가져다주기 위해 혈액을 공급한다는 것이다. 당시 혈액 공급은 대부분 되돌아오지 않는다고 생각했다! 물론 점점 이런 체계의 여러 가지 오류와 모순이 밝혀지기 시작했다. 특히 여기에는 중세 시대 의사 이븐 알 나피스의 공이 컸다. 하지만 가설 연역법에 따라 혈액 순환을 증명한 최초의 인물은 바로 윌리엄 하비다.

윌리엄 하비는 뱀장어, 뱀, 새, 염소, 개, 인간 등 여러 생명체를 관찰하고 계산하고 실험했다. 심장을 거쳐 지나가는 모든 혈액은 어디서 오는 것인지 알아내고자 했다. 심장 수축마다 뿜어내는 혈액 양은 70밀리리터로 수축 횟수는 분당 약 70회다. 어림잡아 추산하면 사람의 대동맥이 30분 동안 내뿜는 혈액은 약 150리터인 것이다. 이는 모든 생물을 통틀어 가장 많은 양이었다! 심장을 지나는 혈액 양은 이처럼 엄청나서 음식을 섭취하면서부터 생산될 수 없고 장기 기관에서 그만큼 빨리 소비될 수 없을 정도다. 이렇게 믿어지지 않는 혈액 방출량은 단 한 가지를 의미한다. 바로 혈액이 주기적으로 돌아 순환한다는 것이다.

하비는 팔다리에서 순환하는 혈액이 왕복한다는 사실을 밝혀 냈다. 팔에 지혈대를 묶는 것으로 말이다. 압박을 약하게 하면 동여맨 끈 아래 팔에서 약간 아랫부분 정맥이 부푼 것을 볼 수 있었다. 왜 그럴까? 되돌아오는 길에 가로막힌 혈액이 쌓이기 때문이다. 하지만 지혈대를 더 세게 묶으면 피부 아래 더 깊숙한 곳에 위치한 동맥이 막힌다. 그럼 어떤 일이 생길까? 손에서 맥박이 잡히지 않아 차갑고 하얘진다. 두 가지 실험을 통해 동맥은 팔다리에 혈액을 보내며 정맥은 혈액을 심장으로 다시 보낸다(그리고 서둘러 지혈대를 풀어야 한다)는 결론에 도달했다.

윌리엄 하비의 증명은 설득력이 있었다. 그런데 과연 동물의 심장도 '생명의 근원'일까? 그의 저서 《동물의 심장과 혈액의 운동에 관한 해부학적 연구》에서 헌사를 여는 중후한 첫 문장으로 "동물의 심장은 생명이다."라고 적혀 있듯이 말이다. 이를 더 잘 이해하기 위해서는 먼저 '근원'이라는 용어를 '시작'과 '명령'이라는 두 가지 차원에서 이해해야 한다. '시작'인 이유를 하비는 심장을 모든 장기 기관에서 '가장 먼저 살아야 하고 가장 마지막에 죽어야 하는' 기관으로 보았기 때문이다. 그는 새의 배아를 생체 해부하면서 끈기 있고 세심한 관찰을 통해 이런 확신을 얻었다. '명령'인 이유는 심장도 각 순환마다 혈액을 생명의 에너지로 재충전하는 장기 기관이기 때문이다.

'생명체의 존재, 생명력, 힘'은 심장에 달려 있다. 그리고 우리

윌리엄 하비

는 윌리엄 하비의 책에 쓰인 헌사의 대상을 주목해야 한다. 바로 영국의 왕 찰스 1세다. 다음 문장을 보면 대상이 영국 왕이라는 사실이 분명하다. "생명이 심장의 것이듯 국가는 왕의 것입니다."라고 윌리엄 하비는 선언하며 권력 이미지를 심장에 비유해 군주를 향해 책을 바쳤다. 이처럼 "동물의 심장은 생명이다."라는 문장은 혈액 순환을 증명하는 데서 끝나지 않는다. 심장은 단순한 펌프가 아닌 영양, 열, 생명력을 몸의 여러 부위에 나누어 주는 조직의 중심이다. 동물의 심장도 생명의 기반이다.

그래서 윌리엄 하비의 별명이 '의학계의 코페르니쿠스'가 되었다. 지구가 우주에서 회전하는 것처럼 혈액이 어떻게 기관을 돌고 도는지 증명한 하비는 심장이 신체의 태양임을 밝힌 것이다.

 함께 읽으면 좋은 책

《심장 : 은유, 기계, 미스터리의 역사》
저자는 금기 영역이던 심장학 분야에서 비약적이고 눈부신 발전을 일궈 낸 개척자들의 이야기를 자신의 보편적이고 가슴 아픈 가족사, 병원이라는 세계에서 펼쳐지는 인간사와 절묘하게 교차시킨다.

샌디프 자우하르 지음, 서정아 옮김, 글항아리사이언스, 2019.

"생명은 죽음에 저항하는 기능의 집합체다"

생명이 얼마나 매력적인 현상인지 반박하는 사람은 거의 없을 것이다! 동물이나 식물을 관찰하는 누구든지 생명체가 성장하고 먹고 번식하는 모습을 보면 돌이나 도구를 볼 때와 다른 뭔가를 느낀다. 동물이 죽으면 더는 움직이지도 숨을 쉬지도 않지만 그 순간에도 동물의 몸은 온전히 남아 있다. 죽은 동물은 잠시 살아 있던 모습 그대로의 형태를 유지한다.

정말 신비로운 작용 원리다. 어쩌면 그 순간까지도 이 작용 원리가 동물의 생명력을 끌어당기고 있었던 것은 아닐까. 하지만 실제로 목숨이 끊어지는 순간 거의 곧바로 몸은 부패하기 시작한다.

불과 서른 살에 세상을 떠난 위대한 해부학자 자비에 비샤는 끊임없이 공격하는 물리적·화학적 과정에 맞서 '저항하는 힘' 덕분에 모든 생명체가 생존할 수 있다고 생각했다. 생명체를 둘러싼 것들이 생명체를 파괴하려고 시도할 뿐만 아니라 몸 내부의 물리적 힘도 끊임없이 몸을 분해하려고 한다는 것이다. 몸의 온전한 상태와 조직을 유지하는 '항구적 반응 원리'를 보유하고 있지 않았다면 몸은 결국 가차 없는 공격에 죽을지도 모른다.

따라서 이런 내부 원리가 바로 생명을 특징짓는 것으로 이해했다. 이 원리는 생명처럼 일시적인 것이다. 성인이 되면서 대립하는 외부 힘과 균형을 이뤄야 하기 때문에 생명의 원리가 오는 양이 점점 줄어든다. 그리고 노화가 진행되면서 생명의 원리는 외부 힘에 굴복한다. 따라서 비샤가 볼 때 생명은 결국 질 수밖에 없는 싸움을 하는 것이다.

생명을 보호하는 원리는 차츰차츰 고갈되고 물리적 속성(중력, 화학적 변화 등)은 변함없이 생명체의 물질을 부패시킨다.

하지만 비샤가 내린 정의가 마냥 부정적이기만 한 것은 아니다. 그는 '생기설'을 주장한 대표적 인물이었다. 생기설이란 물리·화학적 속성으로 되돌릴 수 없는 특정 속성을 생명체에 부여하는 개념이다.

그런 속성으로 무엇이 있을까? 무엇보다 살아 있는 조직이 지닌 감수성과 수축성이 있다. 각각 살아 있는 조직은 액체의 통과에 영향을 받고 수축에 의한 자극에 반응한다. 비샤는 몸의 분석

단위처럼 조직의 중요성을 이해한 역사상 최초의 인물인 것이다. 그래서 그는 '조직학'의 창시자라는 칭호를 받아 마땅하다. 여기서 조직학이란 살아 있는 조직을 연구하는 학문을 말한다.

조직학의 혁신자인 자비에 비샤는 프랑스 수학자 겸 철학자 데카르트의 '동물 기계론'처럼 생명체를 기계적 움직임의 조합으로 한정시키는 개념을 넘어서려고 노력했다. 수학 공식에 의해 표현되는 기계의 과정으로만 살아 있는 과정이 설명될 수 없다고 확신했기 때문이다. 생명의 정의 중 '대립'을 설정한 비샤는 살아 움직이는 것과 살아 움직이지 않는 것 사이에 특이하고 이해할 수 없는 긴장이 존재한다는 점을 강조했다. 그는 신체 조직을 모두 분리종으로 분류하고 질병은 모두 조직의 병적 변화에서 비롯된다고 생각했다.

그리고 오랫동안 여러 사전은 단어 '생명'의 예문으로 "생명은 죽음에 저항하는 기능의 집합체다."라는 문장을 차용하면서 이 문장이 유명해지는 데 영향을 미쳤다. 특정 생기론이 생물학계에서 적어도 20세기 초까지 오랫동안 살아남았던 것은 우연이 아니었던 것이다. 100년 후 우리는 이 개념이 지식의 불완전 상태를 반영했다는 것을 잘 알고 있다. 자연 그대로의 물질과 살아 있는 물질이 실제로 같은 기본 법칙들에 의해 좌우된다는 사실이 연구를 통해 밝혀졌다.

20세기 후반 DNA가 발견되고 분자 생물학이 등장하면서 생기론의 '저항' 개념은 거의 무너졌다. 생명 원리도 역시 한계에 도달해 물리 화학의 법칙에 자리를 내줬다. 그리고 생명과 죽음을 연결하는 내부 관계가 남았는데…. 이 나머지 내부 관계의 미묘한 부분은 오늘날까지 생물학 연구의 중심이다.

 함께 읽으면 좋은 책

《그리고 당신이 죽는다면 : 괴짜 과학자들의 기상천외한 죽음 실험실》
수영을 하다가 고래에게 잡아먹힌다면? 우주에서 맨몸으로 스카이다이빙을 한다
면? 인간의 모든 지식을 이용해 죽음에 가장 가까이 가 본 45가지 결과를 담았다.

코디 캐시디·폴 도허티 지음, 조은영 옮김, 시공사, 2018.

프랑스의 생물학자·진화론자, 1744~1829

"기능이 기관을 만든다"

18세기 라마르크는 지구 깊숙한 곳에서 발견되는 기이한 돌인 화석의 기원을 연구했던 학자다. 그가 특히 관심을 가진 것은 화석이 현재 지구에 살아 있는 생명체와 일치하지 않는 경우였다. 이 미지의 동물들의 흔적을 어떻게 설명해야 할까? 라마르크는 화석이 고대 종들의 증거이며 그때 이후로 변화된 것이라고 확신했다.

라마르크는 파리 국립자연사박물관이 소장하고 있는 수집품을 연구하며 현재의 수많은 연체동물이 화석이 된 동물들과 유사하고 현존하거나 가까운 시대에 살던 종으로 끝나는 계열을 고려해 화석을 연대순으로 구분할 수 있다고 말했다. '노아의 방주'에 언급된 동물을 벗어나 교회의 가르침에 맞선 라마르크는 최초의 종 진화론자가 된다. 그는 '생물의 변화'라는 방대한 이론을 수립했다. 이 이론에 따르면 모든 생물은 시간이 흐르면서 천천히 개선되기 때문에 어떤 종도 절대적 불변의 존재가 아니다. 그런데 왜 애초에 그런 변화가 여기저기서 일어나는 것일까?

라마르크는 세대를 거치면서 살아 있는 형태가 성장하고 복잡해지는 성향이 있기 때문에 자연이 활동적인 것이라고 주장했다. 특히 인간과 함께 동물들에게서도 정점에 달하는 점진적인 일련의 개선들이 나타난다. 이렇게 복잡해지는 성향은 주변 환경의 특수한 조건과 한계에 맞닥뜨린다. 따라서 생명체는 적응해야 한다.

어떻게 적응할까? 기관들은 조금씩 변화할 수 있기 때문에 주변 환경에 맞춰 우선 부분적으로 적응하는 것이다. 예를 들면 기후 변화나 식물군의 변화는 다른 필요를 불러일으킨다. 필요가 계속되면 이것은 이런저런 신체 일부에 대한 새로운 노력, 새로운 습관, 새로운 행동을 일으킨다. 그리고 이는 결국 관련 기관의 변화로 표출된다.

라마르크는 그런 작용 원리가 느리고 지각되지 않더라도, 어떤 법칙이 존재한다고 생각했다. 그 법칙이란 "어떤 기관을 새로 필요로 해 공들인 노력 끝에 필요한 기관을 만들어 낼 수 있다는 조건에서" 어떤 기관을 자주 사용하면 기관이 튼튼해지고 발달하거나 새로 생긴다는 법칙이다. 따라서 꼭 '기능'이 아닌 기관의 창조를 일으키는 새로운 '필요'인 것이다. 하지만 단지 창조의 문제가 아니다. 신체 일부의 사용 빈도수가 적으면 해당 기관이 약해지고 둔해져 필요 없어진 부분이 서서히 퇴화한다. 이런 논리로 두더지가 사는 지하 통로에서는 시각을 거의 사용하지 않기 때문에 사실상 시력을 잃는 것이다. 반대로 주로 습하고 풀이 없는 곳에서 나뭇잎을 뜯어 먹어야 하는 기린은 다리와 목이 유난히 발달했다는 주장이다.

사실 라마르크의 저서에는 "기능이 기관을 만든다."라는 문장이 원래의 뜻을 충실히 부연 설명하고 있지 않다. 이런 설명 방식은 그의 동료이자 프랑스 동물학자 조르주 퀴비에가 이 문장을 패러디하게 했다. "예를 들면 씹는 습관이 몇 세기 후 치아를 만들어 주었고 걷는 습관이 다리를 만들었으며 오리는 물에서 잠수하다가 결국 곤들매기가 되었고 곤들매기는 물 없이 지내다가 결국 오리가 되었다." 이런 식으로 풍자했다.

어쨌든 라마르크는 동물의 생체 구조와 습관 사이에서 일치된 부분들이 점진적인 적응의 결과라는 사실을 일찌감치 알아차렸다. 생명체를 둘러싼 환경은 종의 다양화에서 중요한 역할을 하면서 몸의 변화를 가져온다고 생각했다.

그렇다면 이제 어떤 변화가 세대를 걸쳐 보존되는지 이해하는 문제가 남았다. 그런데 바로 이 부분이 라마르크 이론의 약점이다. 라마르크는 획득한 변화가 시간이 흐르면서 축적되기 위한 방

장 바티스트 라마르크

법은 단 한 가지라고 보았기 때문이다. 그 방법은 개체가 주변 환경으로 인해 획득하거나 상실한 부분이 자손에게 전해져야 한다는 것이다. 예를 들면 기린이 생애 동안 획득한 목의 밀리미터 길이가 자손 기린에게 전달되어야 한다는 것이다! 원리를 주로 '획득 형질 유전'이라고 부른다.

결과적으로 이 개념은 오늘날 부정확한 것으로 여겨진다. 이후 생물학에서 개체의 생애 동안 줄어든 신체적 변화들은 유전 형질이 새겨지지 않아 자손에게 저절로 유전되지 않는다는 학설이 확립되었다. 라마르크의 개념을 거부하지 않았던 다윈은 더 풍부한 실마리를 잡아냈다. 바로 자연 진화가 가장 적합한 개체를 선택하고 그렇지 않은 개체를 제거하기 위해 어떤 종의 내부에 생긴 자연적 변이를 기반으로 한다는 것이다. 이런 변이는 생명체가 사는 주변 환경에 의해 방향이 결정되는 것은 아니었다. 따라서 기능이 기관을 만드는 것은 더더욱 아니다.

 함께 읽으면 좋은 책

《동물 철학 발췌》

생물학사에서 단편적 연구로 이루어졌던 생명 연구를 독립된 분과 학문으로 체계화하고 여기에 '생물학'이라는 명칭을 부여한 라마르크의 원전인 《동물 철학》을 발췌했다.

장 바티스트 드 라마르크 지음, 이정희 옮김, 지식을만드는지식, 2009.

"우리는 이렇게 놀라운 계통을 사람에게 주었지만 고결한 성품의 계통은 아니다"

찰스 다윈은 언급된 책만으로 언덕을 만들 만큼 19세기를 대표하는 가장 유명한 과학자다! 다윈은 신에게서 빼앗은 자리에서 인간의 진짜 기원을 재현하는 데 성공했다고 공식 선언했다. 인류는 시간이 흐르면서 변화했고 이런 변화는 모든 종을 좌우하는 동일한 원리에 따라 유전될 수 있다는 사실을 밝혀낸 것이다. 사육하는 개의 계통처럼 인간의 그것도 되짚어 볼 수 있다는 뜻이다.

이때 최고 사육자의 역할은 자연이 한다. 프로이트는 '다윈의 발견'이 과학이 인간의 거만함에 던진 가장 큰 모욕 중 하나로 보았다.

"우리는 이렇게 놀라운 계통을 사람에게 주었지만 고결한 성품의 계통은 아니다."라는 문장은 다윈이 예순셋에 집필한《인류의 유래와 성 선택》에서 발췌한 것이다.《종의 기원》같은 다윈의 혁명적 연구들이 이미 나온 시기였다. 그사이에 다른 생물학자들과 사상가들은 '하위' 동물의 모습과 인류의 계통 관계, 인류의 과거를 주저하지 않고 확인하면서 다윈이 발표한 진화 이론을 적용했다. 논쟁은 거세고 떠들썩했으며 가끔 다윈이 주장한 과학 이론의 본질을 가린 채 여론에 영향을 미쳤다.

《인류의 유래와 성 선택》에서 다윈은 영국 생물학자 겸 유전학자 토마스 헉슬리를 포함한 최고의 진화론자들의 논증을 언급했다. 이 자료 덕분에 몇몇 원숭이와 사람 사이에 해부학적, 생리학적, 발생학적 유사성의 증거를 모을 수 있었다.

결론은 이렇다. 표면적으로 '이성의 존재'의 형이상학적 지위는 몰락의 길을 걷는다. 현대 유전자 연구의 길을 미리 제시한 다윈은 하위 영장류와 다르지 않은 유인원과 인간은 내부 구조상 차이가 적다는 점을 밝혀냈다. 인간이 종 분류 창시자의 혜택을 입으면서 여러 다른 종들과 다른 신분을 부여하던 시대를 끝낸 것이다. 한마디로 "인간은 구세계를 살았던 털이 많고 꼬리가 없으면서 나무에 살았을 네발 달린 짐승의 후손이다."라는 부분이 인정된 것이다.

하지만 다윈은 여기서 멈추지 않았다. 그는 대범하게 구세계의 원숭이 계통에서 여우원숭잇과 조상으로 거슬러 올라갔고 그런 다음 먼 과거 지구에서 살았던 태반 포유류와 그 선조로 추정되는 유대류까지 되돌아갔다! 다윈은 모든 척추동물의 조상이 수생동물일 것으로 추측했다. 그가 주장한 계열이 오늘날의 생물학자들에게 틀린 것처럼 보이는 것은 중요하지 않다. 다윈은 굉장히 먼 조상의 사슬에 인간을 과감히 통합했다. 이 사슬이 없었다면 인간은 영원히 '우주의 영광과 경이'를 담은 존재로 머물렀을지도 모른다.

왜 다윈은 자신의 문장에서 '고결함'을 언급했을까? 무엇보다 다윈은 인간이 마땅히 경탄받을 만한 존재라는 점을 지지했다. 순전히 천체의 법칙을 이해할 수 있는 지적 능력 때문만은 아니다. 사실은 인간의 친척 동물과 인간 사이에는 지적 수행 능력에서 본성이 아닌 등급의 차이가 있다는 것이다.

특히 인간은 뛰어난 도덕성을 지니고 있는데 인간이 가진 이런 감각과 가치는 자연에 의해 선택된 사회적 본능에서 비롯된다. 충실하고 서로 돕거나 공공의 선을 위해 희생하는 성향은 이를 겸비한 구성원들의 집단에 이점으로 작용하지 않았을까? 도덕성이 있기 때문에 약하거나 장애가 생긴 동족을 향한 공감을 가질 수 있다. 자연에서 대부분의 약한 존재는 자비 없이 경쟁에서 제거되지만 인간의 문명은 약자에게 삶을 보호받을 권리를 마련하고 경우에 따라 적절한 기관을 설립하기도 한다. 이것이 인간의 자랑거리다.

찰스 다윈

이렇게 결국 다윈의 인간중심주의가 우세해졌다. 다윈은 "인간의 본성에서 가장 숭고한 부분을 손상시키지 않고서는" 인간이 가진 이타적 공감 능력을 줄일 수 없을 거라고 강조했다. 즉, 인간의 지능이 생물학적 계통의 깊이를 이해하게 된 것은 도덕적 온정이 '다른 사람뿐만 아니라 가장 보잘것없는 생명체까지' 확장되었기 때문이다. 따라서 인간은 명성에 걸맞게 행동해야 할 것이다.

 함께 읽으면 좋은 책

《다윈에 대한 오해 : 문명의 진화적 승리》
평생 약자를 향한 도움의 손길을 실천했으며 이를 자신의 이론과 일치시키고자 한 다윈과 그의 학문을 이해할 수 있는 책이다. 무엇보다 약자의 도태가 자본주의의 필연적 결과로 받아들여지는 사회에서 좀 더 문명적이고 인간적인 사고를 뒷받침할 21세기 다윈주의의 핵심을 이해할 수 있다.

파트리크 토르 지음, 박나리 옮김, 글항아리, 2019.

• 루돌프 피르호 •

독일의 병리학자·인류학자, 1821~1902

"모든 세포는 세포로부터 나온다"

19세기 독일에서 가장 유명한 의사를 꼽으라면 루돌프 피르호다. 다작의 과학 저술가이기도 했던 피르호는 병리 해부학(의학분과)의 아버지이자 많은 의학 용어를 도입한 인물이다. 특히 암연구와 사체 부검의 현대적 방법 연구에서 주요 선구자로 인정받고 있다. 사회의학을 지지했고 공중 보건의 기반을 마련한 피르호는 정치적 행보를 이어 가며 독일 제국의회 의사당(현재의 독일 국회의사당)까지 진출했다. 그리고 세포 이론의 토대가 된 "모든 세포는 세포로부터 나온다."라는 문장으로 명망은 더 높아졌다.

사실 피르호가 이 문장을 썼을 때 이미 200년 전부터 식물과 동물의 세포는 현미경을 통해 밝혀졌다. 피르호 이전에 독일 식물학자 마티아스 슐라이덴과 생리학자 테오도어 슈반이 식물과 동물의 조직 대부분이 세포로 이루어져 있으며 이들 조직들은 세포로부터 성장한다는 사실을 발견했다. 마찬가지로 뼈도 현미경으로 유심히 관찰한 결과 신경, 근육, 피부처럼 세포로 구성되었다는 사실이 밝혀졌다.

19세기 중반 이미 여러 생물학자들은 세포를 생명체의 기초 '벽돌'로 인정했다. 하지만 세포의 출현 방식은 여전히 잘 알려지지 않았다. 예를 들면 슐라이덴과 슈반은 물질에서 출발하는 결정화 형태로 유기 분자에서 직접 세포가 발생하는 것이라고 상상했을 정도다.

세포의 출발에 대한 연구를 진행하던 피르호는 세포가 비결정 물질에서 발생했다는 주장을 인정하지 않았다. 그는 세포의 자연 발생이 몽상이라고 보았다. 생명의 조직 단위는 화학 세계에서 유일한 것이다. 살아 있는 모든 세포는 건강하든 병약하든 다른 살아 있는 조직된 세포에서 비롯될 수밖에 없기 때문이다. 더 자세히 설명하면 피르호는 세포 증식이 주로 이분열(二分裂, 단세포 생물의 분열에서 핵분열 후 세포질이 거의 균등하게 둘로 나뉘는 무성 생식 분열. 말미잘, 불가사리 같은 다세포 생물의 세포가 이 방식으로 재생한다―옮긴이) 과정을 통해 실현된다고 주장했다.

피르호는 혁신자가 아니었던 셈이다. 특히 세포 분열 분야에서는 더더욱 아니었다. 그의 주요 개념은 발생학자 로베르트 레마크의 연구 덕분일 것이다. 피르호와 레마크 모두 같은 실험실에서 연구했는데, 레마크는 이미 존재하는 세포들의 분열에 의해 세포가 시작되었다는 가설을 처음으로 깔끔하게 증명해냈다.

피르호는 레마크의 연구 결과를 회의적으로 여겼다. 1855년 레마크의 연구 결과에 피르호가 동의했으나 레마크를 논문 저자로 인정하지는 않았다. 이렇게 피르호는 자신만의 방식으로 세포에 관한 새로운 개념을 보급하는 데 뛰어들었다.

피르호는 특히 자신이 쓴 이 문장으로 큰 성공을 거뒀다.

"모든 세포는 세포로부터 나온다."

프랑스 화학자 라스파이유가 이미 이 문장을 사용한 바 있지만 상황은 조금 달랐다. 피르호는 자신의 문장이 여러 종을 관통하는 생명체의 단일성과 시간을 관통하는 생명체의 연속성을 동시에 포괄한다고 생각했다. 박테리아, 균류, 동물, 식물 등 생물 형태가 놀랍도록 증식하지만 생명체는 사실상 예외 없이 모두 세포로 구성된 것이다. 그런데 인간은 단일 세포인 '난세포'에서부터 시작해 복잡한 다세포 생물로 성장한다. 부모, 조부모, 그 이전에 살았던 모든 조상도 이런 과정을 거쳤다.

이런 의미에서 각자의 인간은 세포의 성장 주기에 불과하다. 생명이 시작된 수억 년 전부터 그래 왔다. 세포는 종과 상관없이

루돌프 피르호

세대의 불연속성을 관통하는 생명의 연속성을 보장한다. 그것이 바로 피르호가 만든 생물학의 본질적 단위다. 모든 세포가 생명을 내포하고 살아 있는 모든 것은 세포로 구성되어 있다!

 함께 읽으면 좋은 책

《세포의 발견》
세포의 발견 과정을 추적해 현대 생명 과학의 뿌리가 된 세포생물학을 체계적으로 조명한 책이다. 초기 현미경 학자들을 비롯해 식물학자들 간의 격렬한 논쟁이 상세히 담겨 있다.

헨리 해리스 지음, 한국동물학회 옮김, 전파과학사, 2000.

"개체 발생은 계통 발생의 빠르고 짧은 반복이다"

　알에서 갓 나온 개구리는 성체 개구리와 닮은 구석이 별로 없다. 사실 올챙이는 물고기와 더 닮았다. 개구리는 왜 물고기 단계를 거쳐 성장할까? 이 점은 인간 배아의 일부 단계와 동물 사이의 유사성과 관련된 문제를 떠올린다. 수많은 박물학자는 인간의 배아가 성장하는 동안 물고기의 모습처럼 아가미구멍과 꼬리를 매우 잠시만 가지고 있다는 사실에 대해 오래전부터 의아하게 생각했다! 사실 이런 발생학적 수수께끼는 다양한 종과 관련이 있다.

　헤켈이 레마크와 다윈의 진화론을 열렬히 옹호했다는 사실부터 먼저 밝혀 둔다. 그는 앞에서 언급된 놀라운 형태가 단지 희한한 현상이 아닌 종의 과거 모습이라고 보았다. 그런데 인간은 물고기의 일부 생김새를 닮은 어떤 단계를 거치지만 물고기는 인간의 단계를 거치지 않는다. 따라서 단순한 유사성의 문제가 아닐 수 있다. 변태 과정을 거친 배아는 매우 느린 진화 과정 동안 조상이 겪은 가장 중요한 변화를 연속으로 거치면서 복잡해진다. 헤켈의 방식대로 말하면 한 생물의 개체 발달인 '개체個體 발생'은 개체 종의 진화 단계를 일컫는 '계통系統 발생'을 재생산하면서 실현된다. 이는 지질학의 토양 지층 깊이 연구와 유사하다. 어떤 특징이 배아에서 일찍 나타날수록 배아의 조상이 아주 오래전에 획득했던 특징일 확률이 높다는 것이다.

헤켈의 주장에 따르면 한 개체에 나타난 어떤 새로운 주요 특징은 보통 개체의 후손이 겪는 발달 과정의 마지막에 추가되기 때문이다. 종의 과거 기억을 가진 배아의 기억 안에 '쌓이는' 것이다. 이런 유전은 모든 생물체와 관련 있는데, 생물체가 발달 과정에서 자신들이 속한 종의 역사를 빠르게 재현하기 때문이다. 그렇다면 인간처럼 닭도 개체 발생 순간에 아가미구멍을 가지고 있다는 말이다! 그리고 1870년, 헤켈은 '기본 생물 발생 법칙'을 '생물 진화에서 가장 중요한 기본 법칙'으로 규정했다.

하지만 근대 발생학의 창시자 중 한 명인 카를 폰 베어는 헤켈의 주장에 동의하지 않았다. 그는 배아는 선대 동물의 단계를 거치지 않으며 오히려 여러 종과 공통 단계를 거친다고 주장했다. 인간 배아도 결코 어류나 성체 파충류가 아니며 일시적으로 '선조' 기관이 잠시 나타난다는 주장도 틀리다고 생각했다. 사실 헤켈도 자신의 원칙에 적용되지 않는 많은 예외가 있다는 것을 알고 있었다. 가끔 과정이 짧아지고 결함이 있고 보완적 현상에 의해 변조되거나 심지어 뒤바뀐다는 점을 인정했다. 요약하면 반복설은 완벽한 이론이 아니었다. 하지만 헤켈은 자신이 세운 법칙을 꾸준히 믿었다. 그는 독자를 설득하기 위해 현실과 다른 지극히 주관적인 방식으로 배아를 직접 그리기까지 했다.

이것을 어떻게 생각해야 할까? 현대 유전학은 헤켈의 개념 중 상당 부분은 사실이 아니라는 결론을 내렸다는 사실을 알아 두자.

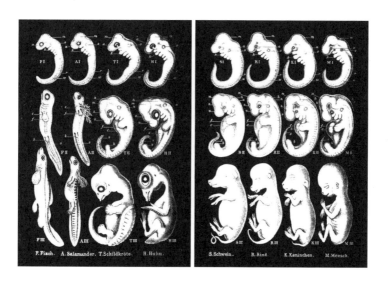

헤켈이 주장하는 세 단계별 여덟 동물의 발달 비교 : 물고기, 도룡뇽, 거북이, 암탉, 돼지, 소, 토끼, 사람.

출처 : E. Haeckel, 《Anthropogenie》, Leipzig, Englemann, 1874, planches IV et V.

에른스트 헤켈

실제로 새로운 특징들은 발달 마지막 단계에 특별히 추가되지 않는다. 새로운 유전자는 배아 단계가 어디든 변화가 생길 수 있다. 그리고 어쩌다 마지막 단계에서 변화가 일어났다면 그것은 '추가'가 아니라 '교체'의 문제일 수 있다. 게다가 일부 단계는 단지 개체 발생에서 사라졌는데 그마저도 잘해야 제한된 속성 몇 개로 계통 발생 일부만 압축했을 뿐이다. 따라서 반복설은 자연법칙이 아니다. 기껏해야 부분적이고 어림잡은 규칙성이다.

안타깝게도 헤켈은 심리학과 인류학에서 다소 걱정스러운 공론을 일으키면서 과학을 넘어 자신의 길을 계속 걸어갔다. 일부 나치 관념론자들은 헤켈의 글 일부를 기반으로 인종주의적 발언을 했기 때문에 헤켈의 문장은 조심스럽게 언급해야 하며 함부로 일반화하면 안 된다.

 함께 읽으면 좋은 책

《자연의 예술적 형상》
헤켈은 1899년부터 1904년까지 6년 동안 10권의 《자연의 예술적 형상》 시리즈를 출간했는데 다양한 해양생물을 환상적인 필체로 나타냈고 설명까지 덧붙였다. 이 책은 시리즈의 그림과 해설을 주로 묶었다.

에른스트 헤켈 지음, 엄양선 옮김, 도서출판그림씨, 2018.

• **리처드 도킨스** •

영국의 진화생물학자·저술가, 1941~

"모든 동식물은 유전자의 생존 기계다"

다윈의 진화 이론이 제기했던 문제 중 하나는 일부 종에서 뚜렷한 '이타적' 행동을 하는 뜻밖의 존재가 나타난 것이다. 예를 들면 일개미는 스스로 번식하기보다 왕의 후손을 돌보는 데 일생의 대부분을 희생한다. 일부 일개미는 번식할 수 있지만 이들이 낳은 알은 유충의 먹이가 된다. 진화는 어떻게 이런 '희생' 행동을 선택한 것일까? 만약 이런 행동을 초래하는 특징이 어떤 종에 나타난다면, 분명히 그런 특징을 가진 개체들은 그만큼 빨리 사라질 것이라는 점에 다윈은 동의했다.

이에 관해 100여 년 동안 여러 의견이 제시되다가 1964년 영국 생물학자 윌리엄 해밀턴이 내놓은 분석이 주목을 받았다. 그는

리처드 도킨스

유전학을 기반으로 이타적인 행동이 은밀한 이기주의 형태를 숨긴다고 설명했다.

앞에서 다룬 개미의 예를 다시 들어 보자. 개미가 자신의 몸을 희생하는 대상은 주로 자신들의 자매다. 같은 '어미 여왕개미'에게서 태어났기 때문이다. 그런데 개미의 세계에서 두 자매는 염색체 배열과 관련해 여러 이유로 종종 유전적으로 모녀보다 더 가까운 특징을 가지고 있다. 이렇게 자신들의 자매를 먹이고 살아남을 수 있게 돌보는 일개미는 자신의 딸이 있었다면 딸을 돌보는 것보다 더 많은 수의 유전자를 위해 영원히 일하는 것이다. 더 일반적으로 친척 관계인 다른 개체의 생존으로부터 개체가 얻을 수 있는 이익을 고려하면 몇몇 이타적 행동을 이해할 수 있을 것이다. 따라서 뚜렷한 이타적 행동들은 더 기본적인 유전적 개인주의를 숨기고 있을지도 모른다. 윌리엄 해밀턴의 이런 분석은 관련 연구가 급증하는 데 이바지했다.

리처드 도킨스는 바로 이런 연구에서 새로운 흐름을 끌어낸 생물학자다. 급진적인 성향의 도킨스는 개체가 아닌 유전자 관점에서 생각했다. 왜 유전자를 진화의 기본 당사자로 여기지 않을까? 왜 유전자를 가져오고 전달하는 '매개물'을 개체로 여기지 않을까? 앞에서 언급한 희생에 새로운 의미가 부여될 수도 있었다. 이타주의를 끌어내는 유전자는 다른 개체의 몸에도 존재하는 자기 복제자를 확산시키면서 번식하는 데 '관심'을 가지고 있다. 개미가 자매들의 몸에서 닮은 부분을 발견했듯이 말이다. 이렇게 평계(가짜 희생)를 대며 번식에 성공한 유전자들은 오래 지속될 확률이 더 높을 것이다. 이는 유전자가 의도한 것이 아니라 단지 유전자가 진화에서 진짜 주체일 것이라는 의미다.

잠시 이에 대해 생각해 보자. 결국 유전자는 일반적으로 개체보다 더 오래 존재한다. 그리고 생식 기관을 가진 종에 속한 각각의 동물은 유일하지만 동물이 가진 유전적 특성을 구성하는 유전자는 대부분 유전자가 속한 동물 종보다 더 오래되었다. 즉, 유전자들은 여러 세대를 지나 대부분 늙지도 죽지도 않으면서 이 몸에서 저 몸으로 뛰어다니는 것이다. 이런 이유로 리처드 도킨스는 자신의 저서 《이기적 유전자》을유문화사, 2018에서 생명은 분자들의 자기 복제를 기반으로 한다고 밝혔다. 수십억 년 전 생명이 시작될 무렵 '자기 복제자들'은 단지 모든 것을 완전히 스스로 복제할 수 있는 화학 개체였을 것이다. 그런데 얼마 지나지 않아 자기 복제자들은 외부 환경의 훼손에 맞서 조심해야 할 필요가 생겼다. 그래서 자신을 보호하기 위해 막을 가진 자기 복제자 즉, 세포의 조상 모습을 드러낸다.

끊임없는 자연 선택에 의해 점점 효율적이고 정교해진 보호 매개물을 만들기 위해 이런 자기 복제자 집단들이 점점 서로 협력하는 모습을 상상할 수 있다. 그리고 매개물들은 자신들 내부에 존재하는 자기 복제자들을 지키고 번식시키는 데 항상 이용되었다.

리처드 도킨스

그러면 수십억 년이라는 진화의 세월이 흐른 후 자기 복제자들은 무엇이 되었을까? 도킨스의 대답은 아찔하다. "자기 복제자들은 지금 대규모 군락에서 우글거리며" 자신들을 위해 만든 다양한 기계의 보호 아래 지내고 있다는 것이다. "자기 복제자들은 당신과 내 안에도 존재한다. 그들은 우리를, 몸과 영혼을 만들었다. 자기 복제자들의 보호 덕분에 우리가 존재한다."라고 말했다.

따라서 모든 동식물은 '번식하기 위한 유전자에 의해 개발된 수단'일 뿐이다. 즉, 이런 유전자들을 영속시키기 위해 방대한 시간을 지나며 만들어진 '임시 생존 기계'인 것이다. 그리고 인간도 이런 논리를 피할 수 없다. 인간이라는 주권에 얽매인 사람들에게는 끔찍한 관점일 것이다! 그래서 진화의 개념을 쇄신하는 데 기여한 도킨스의 이론은 생물학계와 철학계에 치열한 논쟁을 불러일으켰다.

 함께 읽으면 좋은 책

《이기적 유전자》
다윈의 '적자생존과 자연선택' 개념을 유전자 단위로 끌어내려 진화를 설명한다. 리처드 도킨스의 동물행동학 연구를 진화의 역사에서 유전자가 차지하는 중심적 역할에 대한 더 넓은 이론적 맥락과 연결시킨 책이다.

리처드 도킨스 지음, 홍영남·이상임 옮김, 을유문화사, 2018.

제5장

도전하는
과학

"과학의 새로운 진리는 반대론자들을 설득했을 때 받아들여지는 것이 아니다. 그들이 세상을 떠나야 받아들여진다"

기본 상수(플랑크 상수) 도입을 최초로 주장한 물리학자 막스 플랑크는 "과학의 새로운 진리는 반대론자들을 설득했을 때 받아들여지는 것이 아니다. (…) 그들이 세상을 떠나야 받아들여진다."라는 문장을 남겼다. 그 내용은 한눈에 이해하기 어려울지 모르지만 자세히 들여다보면 충격적이다. 그것은 과학계의 중요한 모습을 보여 준다.

일반적인 인식과 달리 '진리'가 갑자기 등장할 때, 학자들이 만장일치로 찬성을 보내는 발견은 과학 세계에서 드물다. 일부 발견은 연구자들 사이에서 꾸준하고도 실랄하게 완고한 반대가 일어나기도 한다.

막스 플랑크

플랑크의 문장은 그의 자서전에서 발췌되었다. 그때 플랑크는 한창 성립되고 있던 열역학 이론을 독일 물리 화학자 빌헬름 오스트발트에게 완전히 새로운 방식으로 생각하도록 설득할 수 없었다고 고백하기도 했다.

예를 들면 우리가 믿고 있듯이 뜨거운 물체가 차가운 물체로 가는 열의 이동은 중력을 받는 물체가 높은 해발에서 더 낮은 해발로 내려가는 이동과 유사하지 않을 수 있다. 중력을 받는 물체의 추락은 가역성(물질이 어떤 상태로 변했다가 다시 원래 상태로 되돌아갈 수 있는 성질—옮긴이)이 있어 물체의 체계가 원상으로 회복될 수 있다. 하지만 열의 이동은 자연적으로 비가역성을 띠고 있어 찬 물체에서 뜨거운 물체로 돌아가는 열은 절대로 볼 수 없다. 하지만 비가역성은 이상 현상이 아니며 기체 확산, 폭발, 화학 반응 등 다양한 열역학 현상에서 나타난다. 실제로 이런 현상은 가역성 현상의 예외로 분류된다!

하지만 오스트발트는 새로운 학설의 진가를 알아보지 못했던 것 같다. 그는 여러 현상의 가역성 이론에 집착했다. 두 학자는 여러 번 서신을 교환했다. 플랑크는 인내심을 가지고 설명하고 또 설명했다. 그런데도 아무 효과가 없었다. 오스트발트를 설득하는 데 무언가 가로막혀 있었다. 게다가 반대하는 사람은 오스트발트만이 아니었다. 플랑크의 주장은 많은 동료 학자에게 반향을 불러일으키지 못했다. 이런 절망적인 상황에서 그는 "새로운 진리를 반대하는 자들이 설득당해 명백한 진리라고 선언했기 때문에 새로운 진리가 승리하는 게 아니라, 반대자들이 세상을 떠나고 새로운 진리에 단번에 친숙해지는 세대가 등장했기 때문이다."라고 말하며 안타까워했다. 역사는 플랑크의 주장이 일부 맞다고 인정했다. 그의 주장은 그 진가를 발휘하고 더 기본적인 원자 이론이 등장할 때까지 기다려야 했다. 그리고 플랑크의 양자물리학이 그 순서에 맞게 등장했을 때 젊은 학자들은 그의 이론을 큰 업적으로 인정했다.

과학 발전은 세대의 문제라는 말일까? 미국 과학사학자 겸 철학자 토마스 쿤은 플랑크의 말이 유명해지는 데 일조했다. 그는 각 과학 분야마다 '특정 기간'이 존재한다고 보았다. 그 기간 동안 학자들은 자신이 했던 훈련을 통해 전달받은 실습과 믿음 전체에 찬성한다. 그들은 비슷한 교과서에서 배운 내용을 주로 습득하고 같은 유형으로 연습을 진행하며 자신이 만난 문제를 다룰 수 있는 수많은 기술을 공유한다. 이때 연구자로 활동하는 동안 기호 표기, 정신적 이미지, 실천, 추론 유형이 학자들에게 풍부한 연구의 틀을 제공한다. 하지만 생각할 수 있는 것의 한계가 드러나면서 관습 전체가 새로운 개념에 저항하는 기반이 된다. 사람들은 그만큼 작용과 표현의 '패러다임'을 쉽게 포기하지 않기 때문이다! 그래서 자신의 연구 분야에서 여러 혁명이 다소 늦은 나이에 등장하면 과학자들은 그것을 받아들이는 데 망설인다. 물론 결국 새로운

막스 플랑크

패러다임으로 옮겨 간다. 그런데 개념과 실천에서 지금까지 들어본 적 없는 체계를 수립하고 적응하는 일은 젊은 과학자들에게 더 쉽다.

그렇다고 토마스 쿤이 '구세대의 죽음'을 통해 지식을 진전시키자고 제안한 것은 아니다. 사실 일반적으로 자리 잡은 학자들은 은퇴하면서 새로운 개념을 받아들일 수 있는 충분히 자유로운 영역을 남겨 둔다.

게다가 플랑크의 경우, 통찰력이 단순히 세대의 문제라고 생각하지도 않았다. 무엇보다 그는 자신이 오스트발트보다 다섯 살밖에 어리지 않다는 사실을 잘 알고 있었다! 따라서 그가 남긴 지적은 과학계에서 자신의 주장이 옳다는 이유 하나만으로 승리하기에 충분하지 않다는 사실을 상기시키는 약간 실망한 태도라고 보는 것이 낫다.

함께 읽으면 좋은 책

《과학혁명의 구조》
'과학혁명' '패러다임' '정상과학' 등의 개념을 사용한 쿤의 과학관을 알아본다. 이는 과학사와 과학철학 분야뿐만이 아니라 역사학과 철학, 대부분의 사회과학 분야에도 영향을 미쳤다.

토마스 쿤 지음, 김명자·홍성욱 옮김, 까치, 2013.

"나는 무(無)에서 신세계를 만들었다"

겉보기에 수학은 시대를 초월해 한 가지 문제를 고민하는 모습으로 보이지만 사실 수학의 역사에는 본질적으로 혁명적인 몇 가지 에피소드가 담겨 있다. 이론 역사상 가장 독창적인 이론으로 평가받는 19세기 비#유클리드 기하학이 탄생한 일화가 바로 그 예다.

유클리드의 기하학은 다섯 개의 공준을 기반으로 한다. 유클리드 기하학에서 가장 유명한 평행선 공준을 다시 살펴보자. "지나는 평행선은 하나뿐이다." 즉, '평행선'은 첫 번째 평행선을 절대로 만나지 않는다는 뜻이다. 일찍이 일부 수학자들은 평행선 공준이 '위장한 정리定理'가 아닌지 의심했다. 어쩌면 유클리드는 다른 네 개의 공준으로 평행선 공준을 증명할 수 있음을 깨닫지 못했던 것 같다. 이를 증명하려는 시도들은 번번이 실패했다. 고대, 중세, 근대까지 여러 수학자가 지성을 겨루었지만 어림없었다. 이렇게 평행선 공준은 2,000년 동안 이어진 여러 공격에도 견뎠다. 헝가리 수학자 파르카스 보여이와 그의 아들 야노시 보여이가 등장하기 전까지 말이다.

파르카스 보여이는 평행선 문제에 열중해 상당한 연구 시간을 들였지만 결국 증명에 실패했고 아들 야노시 보여이에게 유클리드 기하학 책의 기초를 가르쳤다. 명석했던 야노시 보여이가 평행선 공준 문제에 몰두하기까지는 그리 오래 걸리지 않았다. 하지만 그의 아버지는 수백 년 동안 지속된 이 장벽에 아들이 휩쓸려 들어가는 모습이 두려운 나머지 만류했고, 전대 수많은 기하학자처럼 아들이 자신의 삶을 낭비하지 않기를 바랐다. 파르카스는 아들에게 "평행선 수학을 포기해 다오. 제발 부탁한다. (…) 나를 반면교사 삼거라. 나도 그 주제에 대해 더 알고 싶었지만 여전히 잘 모르잖니. 그것이 나의 꽃다운 시절을 훔쳐갔어."라고 글을 썼다.

야노시는 아버지의 당부를 흘려 들었고 몇 배 더 노력했다. 아버지에게 보여 준 연구를 끝마친 후 1823년 11월 3일 그는 성공의 길을 걸었다.

"결론이 도출된 평행선 연구 논문을 출간하기로 결심했습니다. (…) 제가 지금 말할 수 있는 것은 무에서 전혀 다른 새로운 세계를 만들었다는 겁니다."

이 논문은 1832년 아버지의 책 부록으로 발표되었다. 〈절대로 참인 공간과학에 대한 설명〉이라는 제목의 24쪽 분량의 부록은 다른 기하학이 가능하다는 주장을 세웠다. 예를 들면 평행선 공준이 거짓이라는 가정에서 삼각형 내각의 총합이 180도보다 작으며(유클리드의 공준을 바탕으로 하면 총합은 180°였다) 원주와 반지름의 새로운 관계를 세울 수 있었다. 이렇게 야노시는 논리에서 벗어나 보이는 명제들을 빈틈없이 증명했다. '초현실적인 정리'가 일관되게 연이어 등장하지만 여러 정리 사이에는 아무 모순도 보이지 않았다. 게다가 이 이상한 공간에서 삼각관계, 부피, 표면적을 어떻게 계산하는지까지도 자세히 증명했다. 새로운 기하학은 이렇게 젊은 수학자의 펜 끝에서 탄생했다. 어떻게 보면 또 다른 우주의 탄생이었다! 사실 야노시는 24쪽 분량의 책 외에 다른 책을 내지 않았다. 그리고 그 자신도 평행선의 공준을 증명하는 데 실패(다른 것들을 연역해 낼 수 없기 때문에 당연했다)했다. 이후 그는 공간 개념을 뒤엎어 수학의 새로운 영역을 개척했던 것이다.

야노시는 러시아 수학자 니콜라이 로바체프스키와 공동 연구를 했다. 사실 비슷한 시기에 로바체프스키는 변형된 공리로 일관성을 가진 기하학을 발전시킬 수 있다는 사실을 알게 되었다. 그보다 좀 더 앞서서는, 유클리드의 기하학이 절대적 진리가 아니었다는 사실을 제시하는 낯선 결론들이 이탈리아 수학자 조반니 사케리, 독일 철학자 겸 수학자 요한 람베르트, 독일 수학 거장 카를 프리드리히 가우스 등 여러 수학자의 펜 끝에서 등장하기 시작했다. 특히 가우스는 생전 자신의 연구를 책으로 내기를 거부했는데 아마도 동시대 사람들이 충격을 받고 자신을 난처한 논쟁에 끌고 다닐까 봐 걱정했기 때문인 것 같다. 하지만 변화의 움직임은 이미 시작된 상황이었다. 비유클리드 기하학의 탄생은 관련 내용을 연구한 수학자들이 저마다 서로 넘어섰던 역사적 원동력으로 기록되었다.

아마도 유클리드 자신을 제외하고 말이다. 이런 뜻에서 비유클리드 기하학은 19세기 수학 사상 가장 중요한 사건 중 하나로 평가된다. 이는 이후의 수학 기초론 등에도 큰 영향을 미쳤으며, 사상사에서도 진화론이나 상대성 이론의 탄생과 비견되는 것으로 물리적 세계에 대한 인간의 생각을 급변시켰다.

⁂ 함께 읽으면 좋은 책

《비유클리드 기하의 세계 : 기하학의 원점을 탐구하다》
불가사의한 비유클리드 기하라는 존재를 발견한 지 벌써 100년 이상 지났다. 이 책은 비유클리드를 알아보고, 여전히 남은 미지의 영역을 개척하는 데 필요한 조건을 말한다.

데라사카 히데다카 지음, 임승원 옮김, 전파과학사, 2019.

"신이 자연수를 만들었다"

"신이 자연수를 만들었다. 나머지 모든 것은 인간의 작품이다."

이 문장을 자세히 들여다 보면 수는 일반적인 인식 범위에서 꽤 멀리 떨어진 종류까지 포함한다는 것을 알 수 있다. -3이라는 음의 정수를 보자. 한 목동이 기르는 여섯 마리 소 중에서 세 마리를 팔고 나서 뺄셈을 해 남은 소가 세 마리라는 사실을 알았다. 그런데 실수로 소를 아홉 마리 팔았다면 어딘가에 -3마리가 있을지도 모른다는 생각을 누가 진지하게 받아들일 수 있을까? 아니면 -1마리에 +1마리를 더하면 입자와 반입자처럼 두 마리 모두 증발해 버리는 걸까? 게다가 대분수(2/3), 무리수(π), 복소

수(1+i) 등 일상생활에서 접하는 것보다 더 멀리 떨어진 수들은 어떤가? 물론 근원적인 수의 의미를 질문할 필요도 없이 이런 수를 다룰 줄 아는 학생이 많다. 하지만 이는 최근에서야 볼 수 있는 모습이다. 즉, 예로 든 음의 정수가 받아들여지기까지 매우 오래 걸렸다. 17세기 파스칼 같은 뛰어난 과학자도 음의 정수를 거부했을 정도다!

그리고 200년이 흐른 후 레오폴트 크로네커는 수학의 형식화와 추상 개념에 반대한 인물이었다. 자연수(1, 2, 3…)만 과학의 진정한 대상으로 인정했다. 자연수라는 수식어가 숫자와 잘 어울리기 때문이다. 자연수는 우리가 기본적으로 경험하는 계산 대상이라는 점에서 수학의 일차적이고 직접적인 정보를 구성한다고 단언했다. 자연수는 우리와 별개로 존재하며, 그런 의미에서 천지창조에 속한다. 자연수가 정말 물질계에 속하지 않는다고 하더라도 인간의 머리에서 만든 순수 발명품과 자연수가 유사할 수 없다는 것이다. 자연수는 바로 접근할 수 있고 우리는 자연수 사이의 관계를 발견할 수 있다. 예를 들면 모든 짝수는 두 소수의 합이다. 이와 달리 뺄셈(음의 정수의 경우)이나 나눗셈(대분수의 경우)을 할 때 사용되는 수의 다른 형식은 인간의 작품이라고 생각했다. 크로네커의 바람은 일반 산수처럼 이러한 자연수에서 확장된 과학, 자연수 이론에 대한 당대 순수수학을 만드는 것이었다.

하지만 크로네커의 말에 대단한 신학적 의미가 담긴 것은 아니었다. 사실 그가 그런 말을 했던 1886년의 장소는 종교인들이 아닌 자연과학 실천가들이 모인 베를린의 어느 회의장이었다. 그는 "수학의 대상은 수학과 자매 관계인 과학의 대상만큼 실재이기 때문에" 수학을 자연과학으로 다뤄야 한다고 주장했다. 하지만 이를 위해서는 몽상 같은 분야를 일부 가지치기해야 했다. 특히 크로네커는 무한을 불신했다. 그때 한창 성장하던 개념인 무한은 필요 이상의 사용이며 심지어 해롭다고 주장했다. 무한의 사용은 거의 신뢰할 수 없는 영역으로 수학자들을 이끌고 과학적 개념보다 더 철학적인 개념이 개입하게 만들기 때문이다.

크로네커는 무한의 사용에 대비하는 여러 방법 중 하나는 자연수에서 출발해 단계별 유한수로 새로운 수학 대상을 만드는 것이라고 생각했다. 그래서 동시대 다른 학자들이 그랬듯이, 유리수의 무한 연속을 기반으로 무한수를 정의하기를 거부했다. 진정한 수학에서 이런 구상들을 받아들일 수 없다는 것이었다! 어떤 대상이 존재하기 위해 해당 대상에 대한 모순 없는 명제들을 제시하는 것만으로 충분하지 않다는 뜻이었다. 크로네커는 어떤 대상이 존재한다는 것을 증명하기 위해 명백한 구성 방법을 제시해야 한다고 주장했다. 크로네커의 입장에서는 귀류법에 의한 단순한 논증도 충분하지 않았다.

크로네커에게는 안타까운 일이지만 19세기 말과 20세기 초부터 수학에서는 무한을 점점 더 많이 사용했고 추상 개념 성향이

레오폴트 크로네커

매우 두드러지기 시작했다. 특히 독일 수학자 게오르크 칸토어와 다비트 힐베르트의 연구 영향이 컸다. 역사의 거대한 수레바퀴는 움직이고 있었고, 해방되었던 창의적인 힘에 아무것도 저항할 수 없어 보였다. 그들의 눈에는 영향력 있는 대학교수이자 건설적이고 신중한 변호인이었던 크로네커는 말썽꾼일 뿐이었다.

많은 젊은 수학자에게 늙은 지식인이 내놓은 강압을 이해하는 것은 있을 수 없는 일이었다. 힐베르트는 크로네커에게 '금지의 독재자'라는 별명을 붙이기도 했다. 크로네커의 순수화 운동을 향한 인기는 다소 수그러들었다.

 함께 읽으면 좋은 책

《기하학과 상상력》
다비드 힐베르트가 은퇴하기 전 대학에서 3년 동안 강의한 내용을 그의 제자가 정리해 펴낸 책이다. 기하학에 상상력을 부여해 각종 공리와 기하학적 가정에 대한 어려움을 덜어 준다.

다비드 힐베르트·슈테판 콘 포센 지음, 정경훈 옮김, 살림Math, 2012.

영국의 물리학자, 1902~1984

"물리 법칙은
수학의 아름다움을 지녀야 한다"

폴 디랙은 20세기 위대한 물리학자로 손꼽힌다. 아버지가 스위스 사람이었던 영국 국적의 물리학자 폴 디랙은 양자역학에 수학적 형식주의와 기호 체계를 남긴 것으로 유명하다. 1933년 서른한 살의 나이에 노벨상을 수상한 그는 1956년 구소련 동료 학자들을 만나러 모스크바에 갔을 때 이미 유명한 과학자였다. 그는 모스크바대학교에서 자신이 생각하는 물리학에 대한 철학을 요약하기 위해 검은 칠판에 "물리 법칙은 수학의 아름다움을 지녀야 한다."라고 썼다.

겉보기에는 단순해 보이는 문장이지만, 그 의미를 정확히 설명하면 어려운 내용이다. 특히 폴 디랙은 약간 지루하게 이야기하는 성향인 데다 말수도 적었다. 케임브리지대학교에서 디랙의 동료들은 반어적으로 시간당 사용한 단어 수를 측정하는 새로운 단위인 '디랙dirac'을 만들었을 정도다! 성인이 된 후 대부분의 시간을 기초 물리학에 흠뻑 빠져 있던 디랙은 요즘 말로 너드(nerd, 한 분야에 깊이 몰두해 다른 일은 신경 쓰지 않는 사람—옮긴이) 부류였을 것이다. 하루는 러시아 물리학자 표트르 카피차가 디랙이 일상 업무에서 살짝 빠져나올 수 있게 소설《죄와 벌》을 주었다. 디랙은 처음부터 끝까지 찬찬히 책을 다 읽었다. 책이 어땠는지 카피차가 묻자 디랙은 "좋았는데 작가가 어느 장에서 실수했어. 작가가 같은 날의 일출을 두 번 묘사했더군."이라고 대답했다. 그 말이 도스토옙스키의 걸작에 대한 유일한 감상평이었다.

《죄와 벌》에 대한 평가는 박했지만 폴 디랙은 심오한 예술 감각을 타고난 사람이었다. 기초 물리학 방정식에서 아름다움을 원했다. 언뜻 들으면 의아하겠지만 아리스토텔레스가 했던 "아름다움에서 가장 경이로운 형태는 질서, 대칭, 정확성이다. 이를 본질적으로 다루는 학문이 수학이다."라는 말을 살펴보자.

방정식에서 자연 단위는 반대가 있어야 한다고 확신한 디랙은 꽤 단순한 공식들이 매우 높은 수준의 일반성을 내포할 수 있다는 사실 앞에서 진심으로 감탄하며 만족해했다. 디랙의 입장에서 아인슈타인의 특수 상대성 이론이 고전 역학보다 수학적으로 더 아름다워 보였다. 적용 범위가 더 광범위하다는 이유뿐만 아니라 공간과 시간 사이의 대칭에서 비롯된 상대성 이론의 방정식이 더 완전하고 심오한 대칭을 가지고 있었기 때문이었다. 반대로 폴 디랙은 수학적으로 허술해 기분이 좋아지지 않는 이론들을 불신했다. 폴 디랙에게 '간결함', '일반성 정도' 또는 '대칭'이 이론의 수학적 아름다움을 특징짓는 데 충분한 기준이었다는 말일까? 전적으로 그런 뜻만은 아니었다.

디랙은 수학적 아름다움은 '정의될 수 없는' 경험이자 정확한 기준을 바탕으로 세워질 수 없는 경험이라고 생각했다. 하지만 "몇몇 방정식은 수학을 연구했던 사람들이 일반적으로 평가하는 데 어려움 없는 미적 가치를 띠고 있다."라고 말했다. 그의 말 속에는 깨어 있는 과학자들의 생각을 다시 모으길 바라는 마음이 담겨 있었다.

그러므로 폴 디랙이 동료들에게 아름다움을 연구 기준으로 삼도록 독려한 것은 우연이 아니었다. 그래서 디랙 자신도 수학적 조화에 이끌리게 내버려 둔 채 여러 이론을 수립하는 데 열중했던 것 아닐까?

사실 바로 그런 반향을 통해 그의 연구는 1920년대 물리학에 새로운 영역을 개척했다. 그리고 방정식 구조를 누르고 있던 강제 조건을 기반으로 주로 전자들의 움직임을 예측하는 방정식을 밝혀냈다. 그때 물리학에서 디랙의 새로운 연구 방식은 양자역학과 상대성의 요구를 촘촘히 양립하는 매력적인 아름다움을 지니고 있었다. 그의 구체적인 해석은 비정상적인 입자에까지 도달했다. 바로 양전하를 띤 전자다! 디랙은 모순적으로 보이는 단위 앞에서 당황했지만 적절한 수학적 공식을 찾았다고 확신해 기죽지 않았다. 이해하기 어려운 공식을 문자 그대로 받아들인 폴 디랙은 '반전자'가 실제로 존재할 것이라고 예상했다. 그의 학문적 대담함이 돋보이는 장면이다. 의외의 결과를 보이는 수학적 구조에서 자신의 믿음을 앞세우는 물리학자는 그때만 해도 드물었기 때문이다.

역사는 그의 혜안을 인정했다. 1932년 반전자가 발견되었고 곧바로 양전자라는 이름을 붙였다. 공상 과학에서 등장하던 반물질이 우주의 요소에 공식적으로 입장했다. 그런 이유로 전자와 반전자의 공통 기본 방정식은 인류에게 방정식을 밝혀내 준 독특한 탐미주의자의 이름을 따 디랙 방정식으로 불리고 있다.

 함께 읽으면 좋은 책

《폴 디랙 양자물리학의 천재 : 폴 디랙의 삶과 과학》
폴 디랙의 어린 시절부터 시작해 그의 성장 과정과 교육 환경, 그가 남긴 과학적 성취와 양자물리학의 태동 단계였던 과학적 시대상 등을 상세히 다룬다.

그레이엄 파멜로 지음, 노태복 옮김, 승산, 2020.

"칸토어가 만들었던 낙원에서
아무도 우리를 내쫓을 수 없다"

1900년대로 들어서는 시점 수학계를 뒤흔든 위기가 발생했다. 이는 독일의 수학자 게오르크 칸토어의 책에서 시작되었다. 칸토어는 집합론을 창시했는데 이것은 상당한 힘을 가지고 있었다. 여러 수학 분야(해석, 대수학, 기하학 등)를 포괄하기 위한 기본 용어가 집합론에 충분히 등장하기 때문이다. 하지만 칸토어의 책에서 가장 혼란을 일으킨 부분은 여러 유형을 점점 늘릴 수 있는 '무한'에 대해 쓴 글이었다.

칸토어는 자연수 집합은 유리수 집합과 원소의 개수가 같다는 사실을 증명했다. 엄격히 말하면 실수의 집합은 유리수 집합보다 크다. 무한도 측정된다는 주장이다! 논리적 연역에서 출발한 칸토어는 정확한 산술 관계 사이에서 초한수라는 수에 의해 점점 늘어나는 무한집합을 측정하는 이론을 세웠다.

그의 이론은 빠르게 반대 여론을 몰고 왔다. 그때 많은 수학자들이 전통적으로 무한 개념을 의심했다는 사실부터 먼저 짚고 넘어가야 한다. 수학자들은 열거해야 하는 숫자(1, 2, 3, 4…)를 계속 추가할 수 있는 가능성 또는 원하는 만큼 부분으로 직선을 나눌 수 있는 가능성을 흔쾌히 받아들였던 것이다. 즉, 수학자들은 일부 연산을 계속 이어 나갈 수 있다는 개념으로 '잠재적' 무한이라고 부르는 것을 허용했던 것이다.

하지만 많은 수학자들은 '이미 존재하고' 완성되어 완전한 것으로 소개되는―'현재의' 무한으로 불리는―무한한 전체를 반대했다. 칸토어가 주장한 형식 없는 무한의 크기를 받아들이는 것까지는 그들에게 어려운 일이었다. 더 심각한 것은 책 발표 이후 얼마 지나지 않아 칸토어가 주장한 이론에서 모순 명제가 발견된 것이다. 여러 무한집합이 세워질 수 있지만 이들의 속성은 분명히 모순된다는 사실을 찾아냈다. 게다가 균열이 확대되면서 무한을 다룰 때 대상뿐만 아니라 증명도 의심스러워졌다. 최악의 상황이었다!

확실성의 표본인 수학이 이렇게 의심으로 얼룩진 상황을 어떻게 받아들여야 할까? 사방에서 물이 들어와 침몰하는 배가 되는 이론에서 벗어나기 위해 명제를 늘렸다. 예를 들면 수학자들은 무한이 등장하는 추론을 무조건 금지할 것을 제안했다. 그런 해결 방안은 가능성을 보였지만 극단적이었다. 무한 개념으로 얻은 모든 대상과 결과를 배 밖으로 던져 버려야 할까?

다비트 힐베르트는 당대 가장 유명한 수학자로 수학적 무한은 실제 대상으로 완성되어 존재하지 않는다고 확신했다. 칸토어가 가져온 보석들을 버리면서 수학을 훼손하기를 거부했다. 칸토어의 무한집합은 "인간의 순수한 지적 활동에서 가장 숭고한 구현이다."라고 힐베르트는 단언했다. 힐베르트의 시선에서 무한의 사용을 포기하는 것은 '무한 심포니'로 수학에서 절대적인 기본 분야인 해석학의 일부를 그만큼 희생시킬 위험이 있는 것이다.

그래서 힐베르트는 무한을 보호할 논리 체계를 더 형식적인 방식으로 만들기로 결심했다. 전에 발견된 모순을 피하기 위해 정의, 공리, 논리 규칙의 범위를 정했다. 칸토어의 초한수를 기반으로 하는 명제들이 초한수가 '존재할' 필요가 전혀 없는 방식으로 형성된 체계에 추가되었다. 명제들은 완전히 이상적인 구성의 결과였다. 약간은 소설책에 등장할 만하고 몇몇 모습만 이해할 수 있는 꿈속 이야기 같았다.

불안했던 모순은 그렇게 해결되는 듯했다. 하지만 체계가 결과적으로 일관성을 가졌다는 것 즉, 그러니까 어떤 새로운 모순이 더는 나타나지 않을 거라고 어떻게 확신할 수 있을까? 힐베르트는 완전히 안심하기 위해 자신이 만든 체계로부터 증명을 찾길

다비트 힐베르트

원했다. 하지만 그렇게 하지 못했다. 당연한 일이었다. 몇 년 후인 1931년 오스트리아 논리학자 쿠르트 괴델은 이 증명이 존재하지 않는다는 것을 밝혀냈다. 적용된 공리 체계 대부분이 일관성을 보여 주기에 충분한 자원을 가지고 있지 않았기 때문이다.

따라서 오늘날 수학자들에게는 칸토어의 '낙원'을 활용할지 여부를 선택하는 데 자유롭다. 최초 문장으로 돌아가 정말 아무도 그들을 낙원에서 내쫓거나 감금할 수 없는 것이다.

 함께 읽으면 좋은 책

《무한의 끝에 무엇이 있을까 : 현대 수학으로 마주하는 수학의 본질》
제곱하면 음수가 되는 허수, 비유클리드 기하학, 논리와 집합, 무한, 괴델의 불완전성 정리 등의 난해한 개념을 현대 수학의 관점에서 살펴본다.

아다치 노리오 지음, 이인호 옮김, 프리렉, 2018.

"틀린 건 아니다"

젊은 천재 볼프강 파울리는 스물한 살에 물리학 박사학위를 땄다. 어릴 때부터 위대한 학자들과 일한 그는 곧바로 당대 주요 물리학자의 반열에 올라섰다. 파울리가 이룬 여러 발견 중 '배타 원리'는 노벨 물리학상을 안겨 주었고 그의 이름이 붙여져 파울리 배타 원리라고 불린다.

이 원리는 두 전자가 정확히 동일한 상태로 있지 않다는 내용이다. 이는 오늘날까지 원자 구조를 설명하는 기반이 되고 있다. 배타 원리는 물질의 안정성을 결정하며 안정성을 통해 모든 화학을 결정한다는 것을 말한다.

파울리는 뛰어난 재능으로 여러 번 성공을 경험했다. 그래서 일까? 자신이 요구하는 지적 수준에 근접하지 못한 사람에게는 신랄한 지적을 했다. 어느 날 한 학생이 젊은 물리학자가 쓴 논문을 교수이던 파울리에게 보여 주며 의견을 구했다. 그는 슬쩍 읽어 보더니 "틀린 건 아니다."라며 한심하다는 듯 말했다. 무시하는 듯한 이 짧은 대답은 그날 이후 물리학자들 사이에서 유명한 문장이 되었다. 학자들은 그것이 일종의 컬트적 대답이라고 생각했다. 그렇다면 이 문장은 어떤 의미를 담고 있을까?

파울리는 매우 젊은 나이에 과학의 세계와 '무신론'의 세계에 들어왔다. 그의 과학적 대부 에른스트 마흐는 과학에 대한 고찰로 유명한 오스트리아 물리학자이자 철학자다. 마흐는 과학이 진보한 것을 확언하거나 반박할 수 있는 실질적 가능성이 존재할 때만 과학을 말할 수 있다고 생각했다. 즉, 어떤 이론이 과학이기를 바란다면 이론이 유효성을 인정받거나 못 받을 수 있는 실험을 진행할 수 있어야 한다. 유효성을 인정받은 이론은 참으로 간주될 수 있으며 인정받지 못한 이론은 거짓이 된다.

어떤 이론이 테스트를 하기에 너무 난해하고 막연하다면 즉, 이론을 실험과 연결하는 아무 수단도 존재하지 않는다면 어떻게 해야 할까? 대부의 가르침을 이어받은 파울리의 입장에서 그런 이론도 '거짓은 아니다'. 하지만 과학 논쟁에 속한다고 주장할 수는 없다. 한 명제가 과학이 되려면 명제가 참인지에 대한 근거가 필요한 것이 아니라 적어도 거짓이 될 수 있는지 알아야 하기 때문이다. 즉, 과학에 맞서 저항하는 견해가 거짓이 아니라는 것은 거짓의 자리에도 오를 수 없다는 의미다!

하지만 파울리가 과격한 과학주의의 표현을 사용하며 주변을 지적한 것은 아니다. 그의 삶이 그것을 증명한다. 1930년 초 파울리는 이혼했고 어머니가 돌아가시는 고통스러운 개인적 위기를 연속으로 겪으며 정신 치료를 받았다. 그는 비정통 프로이트 학파의 계승자인 스위스의 정신 의학자 겸 심리학자 칼 융과 정신분석을 시작했다. 정신분석은 2년이 걸렸고 파울리에게 깊은 자취를 남겼다. 특히 융은 파울리가 자신이 꿨던 여러 꿈이 집단 무의식적 모습들의 '전형'을 보여 준다고 생각하게 만들었다. 그것에 매료된 파울리는 꿈을 해독하는 것을 배우고 시대적 사상에서 케케묵은 취급을 받던 무의식의 기원에 열광했다.

이와 같은 무의식의 전형은 몇몇 위대한 발견이나 과학 진보의 근원일 수도 있지 않을까? 이 질문이 파울리를 사로잡았다. 그 때부터 그는 먼 옛날 연금술사처럼 정신적 현실과 물리적 세계 사이의 심오한 관계를 밝혀내는 데 열중했다.

여러 연구가 가장 엄격한 화학의 기본 토대 위에서 시행되던 절정기에 파울리의 "틀린 건 아니다."가 의미하는 확인할 수 없는 의견에 대해 보여 준 불신과 연금술을 받아들이는 모습 사이에는 흥미로운 대립 관계가 보인다. 수학의 엄격함이 신비로운 본능에 무릎을 꿇었다는 말일까? 아니면 많은 위대한 학자처럼 파울리도

볼프강 파울리

모순으로 가득 차 있었던 것일까? 아무튼 파울리는 그런 성품 때문에 노년 시절 자신의 동료들이 해이하다고 생각하고 항상 참을 수 없었다. 하지만 정작 자신이 원하던 지적 수준을 향한 요구는 더 정신적인 추구로 완화되었다. 그는 자신의 저서에 "협소한 합리주의로 확신의 힘을 잃은 사람을 위해 신비로운 태도의 마법이 (…) 충분히 효과적이지 않은 사람을 위해 그런 충돌과 차이에 맞서는 것 외에는 다른 길이 존재하지 않는다고 나는 생각한다."라고 썼다.

 함께 읽으면 좋은 책

《스핀 : 파울리, 배타 원리 그리고 진짜 양자역학》
양자역학 건설자 중 한 명이며 배타 원리를 발견한 파울리를 주인공으로 배타 원리와 스핀에 대해 알아보는 책. 천재인 동시에 외로운 개인이었던 파울리의 생애도 담겨 있다.

이강영 지음, 계단, 2018.

"신은 주사위 놀이를 하지 않는다"

1926년 12월은 양자역학이 무르익기 시작하던 때였다. 양자역학을 이해하는 데 꼭 필요한 현상들이 성공적으로 설명되었고 이에 따라 오스트리아 물리학자 에르빈 슈뢰딩거나 독일 물리학자 베르너 하이젠베르크처럼 명석한 물리학자들을 한곳에 모이게 만들었다. 영국 물리학자 막스 보른도 그들 중 한 명이다. 그는 새로운 이론의 가장 중요한 수학적 기능에 대해 확실한 통계적 해석을 제안하려던 참이었다. 한마디로 퍼즐에서 중요한 한 조각을 끼워 맞추는 중이었다.

아인슈타인은 오랜 친구 보른에게 짧은 편지를 썼다. 편지에서 그는 양자역학의 힘을 인정했지만 보른의 열정에는 동조하지 않았다. 양자역학의 비밀은 밝혀지지 않았다고 확신했기 때문이다. 그리고 "신은 주사위 놀이를 하지 않는다."라는 수수께끼 같은 말을 덧붙였다. 그가 남긴 이 은유적 문장은 온 세상을 떠돌아다녔다.

아인슈타인에 대해 우리가 잘 모르는 두 가지를 살펴보자. 우선 독일 태생의 아인슈타인은 독실한 신자는 아니었지만 유대인이다. 그는 인간의 존재를 염려하고 기도를 듣거나 이 세상에 개입한다고 생각하는 인격신(인간적인 용모·의지·감정 등의 인격을 지닌 신― 옮긴이)을 믿지 않았다. 그가 신의 모습을 언급하던 때는 항상 물리학자로 숨겨진 이유를 발견하고 싶어 하는 우주의 구조와 우주의 질서를 논할 때였다. 가끔 그는 그런 이성적 질서를 '신의 카드놀이'라고 부르고는 했다. 즉, 그의 발언은 종교적인 의미보다 방법론적 의미를 지닌 것이다.

두 번째로 아인슈타인은 양자역학을 반대하지 않았다. 심지어 양자역학을 수립한 개척자 중 한 명이다. 특히 오늘날 '광자'라고 부르는 빛 입자의 방출과 흡수의 양자역학적 확률은 아인슈타인이 1916년에 발견한 것이다. 하지만 그는 물리학에서 확률의 사용이 항상 그렇듯 결과의 유형이 피상적이고 일시적이라고 생각했다. 예를 들면 주사위를 던질 때 어떤 사건이 일어날 것이라는 가능성은 알 수 있다. 즉, 주사위 두 개를 던졌을 때 3과 6이 나올 가능성 말이다. 주사위를 여러 번 던진 횟수 중 그런 사건이 일어날 확률이 얼마인지는 계산이 가능하다. 하지만 공기 중 주사위와 손가락의 움직임을 정확히 측정할 수 없기 때문에 특정 차례에서 던진 주사위의 결과를 정확히 예측하기란 불가능해 보인다. 마찬가지로 양자역학은 광자의 방출 확률이나 전자가 어떤 장소에 있을 확률을 제공한다. 달리 말해 양자역학은 이런저런 방식으로 움직이는 입자들의 비율을 가리킨다. 하지만 일반적으로 단수 입자가 어떻게 움직일지 정확하게 말하지 못한다.

아인슈타인은 이 경우나 저 경우나 통계는 유용하지만 체계에 대한 '부분적 몰이해'를 보여 준다고 생각했다. 실재에 대한 더 기초적이고 완전한 설명은 확률을 '포함하지 않는' 것이다. 사실 입자가 각각 어디에 있는지 아는 신의 눈에는 물체들이 극단적으로 예측하기 불가능한 존재가 아니다! 달리 말해 물체들이 왜 그렇게 움직이는지 그 방식에 대한 양자역학 이론이 존재해야 한다고 아인슈타인은 생각한 것이다. 바로 그 이론을 통해 양자물리학이 받아들여야 한다고 믿었던 모든 확률을 추론할 수 있을 것이기 때문이다.

아인슈타인은 고전적 현실론과 결정론에 집착했기 때문에 양자역학을 모두 받아들이기에는 힘들었을 것이다. 세월이 흐르면서 그는 자신의 비평을 다듬고 더 기본적인 이론을 세울 계획을 이어 갔지만 헛된 일이었다. 그가 생각했던 이론은 절대로 빛을 보지 못했을 뿐만 아니라 그때부터 진행된 실험들이 양자역학의

알베르트 아인슈타인

불확정성은 아인슈타인이 믿었던 것처럼 우리 지식의 한계를 표현하지 않는다는 것을 보여 주기 때문이다. 자신의 주장에서 살짝 후퇴했을지도 모르지만 결국 20세기 가장 위대한 물리학자 아인슈타인은 죽을 때까지 회의적인 입장을 바꾸지 않고 여러 사람에게 자신의 은유적 표현을 되풀이했다. 하루는 양자역학을 옹호하는 덴마크 물리학자 닐스 보어가 약간 짜증 내듯이 아인슈타인에게 반박했다고 한다.

"아인슈타인, 신이 하는 일에 간섭 좀 그만하세요!"

 함께 읽으면 좋은 책

《나는 세상을 어떻게 보는가 : 아인슈타인의 세계관》
아인슈타인의 세계관을 잘 알 수 있는 기고문, 연설문, 성명서 중 인간적인 면모가 잘 드러나는 글을 모은 책이다. 어떤 글은 약 100년 전에 쓴 거라고 믿을 수 없을 만큼 참신하고 대담하다.

알베르트 아인슈타인 지음, 강승희 옮김, 호메로스, 2021.

"아무도 양자역학을 이해하지 못한다"

노벨 물리학상을 받은 미국 물리학자 스티븐 와인버그는 어느 날 엘리베이터 안에서 동료와 대화를 나누고 있었다. 유독 명석했 던 한 학생이 시력을 잃었다는 이야기였다.

"그 학생의 연구를 방해한 것이 뭐였는지 알아?"

함께 있던 와인버그의 동료는 안타까운 표정으로 고개를 가로 저으며 대답했다.

"양자역학을 이해하려고 노력했다는 거야."

와인버그와도 잘 알고 지내던 리처드 파인만은 20세기 가장 총명한 물리학 교수 중 한 명으로 불린다. 그의 수업, 책, 강연은 물리학의 모든 주요 부분을 알기 쉽게 설명해 많은 학생과 청중의 기억에 쏙쏙 남았다. 특히 입자물리학을 가르치는 데 그와 견줄 사람은 없었다. 입자물리학은 그가 연구 활동 대부분을 할애했던 분야로 1965년 노벨 물리학상을 받는 데 일조했다. 특히 리처드 파인만은 뛰어난 직감으로 전 세계적으로 통용되는 입자들에 대한 계산을 도식화하는 체계를 개발했다. 바로 '파인만 도식 또는 다이어그램'이다. 그가 바로 엘리베이터 안에서 체념한 듯이 한 말 "아무도 양자역학을 이해하지 못한다."라고 말한 당사자다! 그 것은 양자물리학을 공부하는 학생이 처음 겪는 경험이자 전문 학 자가 마지막에 겪는 경험인 근본적 몰이해의 문제를 상기시킨 것 이다.

사실 과학에서 당혹감은 몰이해에서 비롯된다. 전자나 광자처 럼 입자는 때로는 미립자의 운동 또 어떤 때는 파동 운동을 가지 고 있다. 그런 현상은 일부 실험 장치에 따라 달라지며 더욱이 입 자는 개별적으로 촬영할 수 없다. 알 수 있는 것은 이런저런 현상 이 일어나는 여러 확률뿐이다. 그리고 그런 입자들이 어디에 있는 지, 입자들이 움직이는 속도가 얼마인지(더 자세히 설명하면 운동량이 얼마인지) 두 가지를 동시에 정확히 알 수 있는 사람은 아무도 없 다. 더 최악의 상황은 마치 잠재적으로 동시에 두 개인 것처럼, 입 자들의 상태가 '중첩되어' 있다는 것이다. 이는 기술 수단이 충분 하지 않아서가 아니라 이론 자체가 '그렇게 규정하고' 있기 때문 이다!

몰이해는 일시적인 것일 수도 있을까? 이 질문에 대한 대답을 하기 전 파인만이 사용한 '이해'라는 단어의 의미를 살펴볼 필요가 있다. 여기서 이해는 기존에 인식하거나 상상할 수 있는 것과 일치하는 현상들의 해석, 일관성 있는 심적 표상을 알고 있다는 의미다. 사람은 새로운 것이나 지각할 수 없는 것을 이해하려고 할 때 실제로 자신에게 도움이 되기 위해 일반적으로 친숙한 것과의 유사점을 찾는다. 즉, 모르는 것을 아는 것으로 되돌려 놓는다. 그런데 양자역학 입자를 명확히 하기 위해 이미지나 유사점을 찾는 순간부터 입자들이 잘못되었다는 것을 알아차리는 데는 오래 걸리지 않았다. 우리의 일상인 '육안으로 보이는' 세상에서 양자역학 입자들을 보기 때문일 것이다.

이 세상에서 양자역학적 현상은 전혀 다른 것으로 인식된다. 때로는 원자를 작은 태양계로, 핵 주변을 도는 전자는 작은 행성으로 형상화하고는 한다. 하지만 엄격히 보면 그런 표상은 부적절하다. 전자나 핵의 입자는 궤도를 도는 미립자가 아니기 때문이다. 이에 대해 파인만은 "우리는 극단적 상상을 하려고 한다."라고 말했다. 하지만 양자역학적 물체는 우리가 알고 있는 것과 완전히 다른 방식으로 움직인다. 그런 의미에서 아무도 양자물리학을 '이해하지' 못한다는 것이다. 우리의 지적 능력은 기존 환경과 관련된 지식에 적응되어 아마도 양자물리학을 영원히 이해할 수 없을 거라는 선고를 받은 것이다.

리처드 파인만

그렇다고 물리학자들이 점점 더 정확히 현상을 묘사하고 예측하거나 성공적으로 자연의 법칙을 탐구하는 것을 방해하지는 않는다. 양자물리학은 동시대 모든 전자기기를 만들 수 있는 실질적 규칙과 일관성 있는 방정식들의 집합체다.

실제로 요즘 많은 학생이 양자물리학 용어와 그 사용에 상대적으로 빨리 익숙해진다. 이런 학생들은 양자물리학이 친숙한 이미지로 된 지식과 연결할 수 없다는 사실에 더는 당황하지 않는다. 어떻게 '진행되는지'에 대해 훌륭하게 설명했던 파인만은 자신의 학생들에게 중요한 것은 "아니, 어떻게 이렇게 될 수 있지?"라는 말을 되풀이하지 않고 자연의 이상한 점을 인정하는 것이라고 말하며 주의를 주었다. 그렇지 않으면 "물속에 빠져 잠긴 채 아무도 피할 수 없는 막다른 골목으로 이끌리게" 될 것이기 때문이다. 파인만은 그런 역설을 통해 깊이 알기 위해 항상 언제나 모든 것을 이해할 필요는 없다는 사실을 훌륭하게 대중에게 알리고 증명해냈다.

 함께 읽으면 좋은 책

《물리법칙의 특성 : 파인만의, 일반인을 위한 최초이자 마지막 물리학 강의》
'물리학계의 슈퍼스타'로 불리는 리처드 파인만이 1960년대 중반 미국 코넬대학교에서 전공자가 아닌 일반인을 위해 물리학을 알기 쉽게 강의한 내용을 단행본으로 엮었다.

리처드 파인만 지음, 안동완 옮김, 해나무, 2016.

"나는 세상의 파괴자, 죽음의 신이 되었다"

1945년 7월 16일, 미국 뉴멕시코 주의 도시 앨라모고도에서 미군은 역사상 최초의 원자폭탄 테스트를 성공적으로 마쳤다. 군인과 과학자, 기술자로 구성된 팀은 수킬로미터 떨어진 곳에서 하늘이 불덩이로 빛나는 광경을 지켜보며 매우 기뻐했다. 이 기술적 쾌거는 적을 쓰러뜨리면서 전쟁을 종결로 이끌었다.

여기에 유독 안도한 한 남성이 있었다. 그로부터 2년 전 가장 정교하고 강력한 무기를 만드는 임무를 군으로부터 받은 명석한 물리학자이자 프로젝트의 과학 총책임자 로버트 오펜하이머다. 그는 거대하고 위험한 버섯구름이 높이 올라가는 동안 마치 세상에 종말이라도 온 듯 "나는 세상의 파괴자, 죽음의 신이 되었다."

로버트 오펜하이머

라는 문장을 되새겼다. 그리고 이 말은 너무나 유명해졌다.

사실 이 문장은 '원조'가 따로 있었다. 그때 오펜하이머가 혼자 번역하며 읽고 있던 힌두교 성전 《바가바드기타》에서 발췌한 구절이었다. 책은 친척 관계인 두 왕족의 전쟁 이야기를 담고 있다. 중심 인물은 아르주나 왕자로 그는 심술궂고 비열한 무사인 두르요다나를 왕위에서 쫓아내려는 반대파 진영으로 들어갔다. 전쟁터에 자신의 전차를 가져온 아르주나는 왕실 가족과 친구들이 적진영에 있다는 사실을 알았다. 지인들을 죽여야 한다는 생각에 난처해진 그는 비탄에 빠졌다. 그런 상황에서 어떻게 해야 할까? 그때 '신'인 크리슈나는 마부의 모습으로 왕자 앞에 나타났다. 신은 전사로서 전투를 시작해야 한다며 왕자의 의무를 일깨워 주었다. 신만 누가 죽을지 결정한다는 것이다. 크리슈나는 시간과 죽음의 신, 위대한 '파괴자'이기 때문이다. 아르주나는 왕자라는 신분 때문에 자신에게 주어진 임무에 걸맞은 모습을 보여 줘야 하는 도구일 뿐이었다. 크리슈나는 수천 개 태양의 불처럼 빛나는 신의 모습을 왕자에게 보여 주었고, 확신을 가진 아르주나는 전투에 참가했다.

오펜하이머는 회의감과 양심의 가책에 짓눌린 인도의 영웅과 자신의 상황을 동일시했다. 자신이 할 일을 이해하면서 무력감에 마비되는 것을 피할 수 있었던 아르주나 왕자의 일화를 통해 전사의 임무는 싸움이듯 자신은 과학자로의 임무를 끝냈다고 생각한 것이다. 자신에게 주어진 사명에 부응하고 의무를 이행하는 것은 이 세상에 참여한다는 것을 의미한다. 세상의 흐름이 각자의 상황을 배려하지 않더라도 말이다. 크리슈나를 향한 복종은 우연이 아니었다. 오펜하이머는 자신이 약속한 의무를 위해 결정권자들의 일과 과학자의 일을 구별했다. 과학자로서 우주의 기능을 더 잘 이해하고 '세상을 통제하는 데 가능하면 가장 큰 힘을' 인류에게 주기 위해 노력해야 한다고 생각했을 것이다. 게다가 그가 진행한 연구들은 그의 권한 아래에서 '곧바로' 개발되지는 않았다.

이렇듯 오펜하이머는 현실을 잘 이해했고 정치권력 아래에서 일했다. 원자폭탄이 미국의 막대한 손실을 피하면서 일본과 독일의 패망을 이끌었다고 생각했다. 독일 패망 이후에도 그의 헌신은 계속되었다. 원자력의 위력이 일본을 강제로 항복시키는 데 반드시 필요했다는 것을 설령 몰랐더라도 조국이 선택한 프로젝트에 몸과 영혼을 바쳤다. 오펜하이머는 폭탄이 민간인을 겨냥할 수도 있다는 사실을 알고 있었을까? 물론 알고 있었다. 모든 책임을 용서받으려고 노력했을까? 그렇지는 않았다. 2년 후 오펜하이머는 "물리학자들은 죄를 알았다."라고 말했다. 그리고 당시 미국 대통령 해리 트루먼에게도 자신의 손에 피를 묻힌 기분이라고 털어놓았다고 한다.

까다롭고 세련된 지식인이었던 오펜하이머는 자신의 주요 업적이 파괴자의 역할이었고, 현대전의 비인간적인 특징을 더 확고히 만들었다는 생각을 했던 것 같다. 하지만 그가 즐겨 읽던 《바가바드기타》에서 오펜하이머가 얻은 교훈은 분명히 정당화, 위안이나 초연의 길이었을 것이다.

하지만 결과적으로 그것은 자신의 조국과 인류 모두에게 충분한 설명이 되지 못했다. 전쟁 이후 오펜하이머는 새로운 형태의 무기를 다루었던 책임감을 토대로 핵을 다루는 방법에 대한 국제적 통제를 옹호했다. 핵폭탄과 같은 핵무기 기술의 확산을 통제하기 위해서는 강대국 사이에 합의가 필요하다는 것이었다. 이후, 오펜하이머는 "이 세상 사람들은 하나가 되거나 모두 사라져야 한다."라고도 말했다.

 함께 읽으면 좋은 책

《아인슈타인과 오펜하이머 : 원자폭탄의 창조자이자 파괴자이고 싶었던 두 천재 이야기》
핵무기를 둘러싼 두 천재 과학자의 행보를 꼼꼼히 추적해 개인의 삶과 공동체의 운명에 관한 질문을 우리에게 던진다.

실번 S. 슈위버 지음, 김영배 옮김, 시대의창, 2019.

• 에드워드 로렌츠 •

미국의 수학자 · 기상학자, 1917~2008

"브라질에서 시작된 나비 한 마리의 날갯짓이 텍사스에 토네이도를 일으킬 수 있을까?"

'나비효과'는 현대 과학에서 가장 유명한 이론 중 하나다. 언론, 문학, 영화 등에서 큰 효과를 일으킨 작은 원인을 다룰 때 이 말을 사용한다. 나비효과라는 단어를 처음 만든 사람은 미국 기상학자 에드워드 로렌츠로 알려져 있다. 1972년 그는 강연에서(과학발전을 위한 미국협회 주최) 나비효과 문제를 다루었기 때문에 이 문장에 일부 지분을 가졌다고 할 수 있지만 그때의 강연 제목은 협회 진행자가 정했을 뿐만 아니라 로렌츠에 의해 발전된 개념은 혼란을 일으켰다.

물리학을 배우는 사람이라면 누구나 모델 연구부터 공부한다. 어떤 체계의 초기 조건을 알면 모델을 통해 체계의 변화를 예상할 수 있다(궤도 방정식을 알고 있다는 조건하에서). 물론 초기 조건의 측정은 완벽히 정확할 수는 없다. 모든 측정 도구가 일정한 정확도를 가지고 있지만 그것이 완전히 정확한 것은 아니기 때문이다. 그런데도 자유낙하 질량이나 단진자처럼 주로 교육적 기준으로 삼는 기본 체계에서는 문제가 되지 않는다. 이 경우, 초기 조건에 대한 불확실성이 향후에도 증가하는 것이 아니라, 영향이 제한적이기 때문이다. 즉, 체계에 대한 조금 불완전한 지식을 기반으로 하면 최악의 경우 조금 불완전한 예측이 이루어질 수 있다는 말이다. 로렌츠는 복잡한 체계인 대기층의 질량 체계를 연구했다. 그의 연구에서 다룬 질문은 오히려 평범했다.

'어떻게 날씨를 예측할까?'

1959년 MIT에서 오늘날 노트북보다 물론 100만 배 느리지만 컴퓨터 Royal McBee LGP - 300을 받은 참이었다. 로렌츠는 연구의 일환으로 컴퓨터에서 수치 시뮬레이션을 활용해 대기의 움직임에 대한 수학 모델을 구상하고 있었다. 그는 보통 소수점 이하 여섯째 자리까지 유효한 매개 변수 값을 입력하고 단순화된 하루치 일기예보를 약 1분 만에 모의실험하도록 컴퓨터를 작동시켰다. 어느 날 특정 기후 시나리오를 실험하기 위해 앞서 진행된 실험과 같은 초기 조건을 재사용했는데 3배 낮은 정확도로 '반올림' 값(소수점 이하 여섯째 자리 대신 소수점 이하 셋째 자리)을 입력했다. 습관처럼 컴퓨터가 처리하게 내버려 두고 카페에 갔다가 되돌아온 로렌츠는 뜻밖에도 일기예보 결과가 앞선 실험과 완전히 달라진 것을 목격했다! 당황한 로렌츠는 계산기에 장애가 발생했다고 생각했지만 자세히 들여다 보니 연속되는 두 시나리오가 변화 초기에는 유사했다가 이후 빠르게 격차를 벌렸다. 미세하게 다른 두 가지 대기 상황에서 엄청나게 다른 상황이 벌어질 수 있다는 점을 발견한 것이다. 그는 그런 체계의 상태를 완벽히 알지 못해 이 체계의 변화를 예측했다고 주장할 수 없다는 사실도 알아냈다. 끊임없이 발생하는 원인과 결과가 모든 통제 밖에서 가장 작은 변화를 증폭시키기 때문이다.

그리고 다음과 같은 사실을 추측했다. 여리고 예민한 나비를 지각할 수 없는 변수에 비유하면서 이 변수는 모든 것을 변화시킬 수 있고 변수가 없으면 어떤 경우에는 토네이도가 발생하지 않을 수도 있다는 것이다. 지구상 모든 나비의 날갯짓(연인끼리 숨소리나 아기의 재채기 말고도)을 알지도 통제할 줄도 모르는데 어느 누가 장기적으로 최소한의 기후 예측을 한다고 주장할 수 있을까?

그런 불안정성은 하늘에서만 찾을 필요가 없다. 그때부터 여러 분야에서 발견되었다. 단순히 물이 새는 수도꼭지, 담배 연기나 배가 지나간 자리에서도 그런 '초기 조건에 대한 민감성'이 나타날 수 있다. 어떤 액체가 소란스럽게 배출되는 동안 매우 작은 분자의 변동이 육안으로 볼 수 있는 흐름을 만들고 체계의 운동을 변화시킬 때까지 증대될 수 있다. 그리고 오늘날 그런 현상을

에드워드 로렌츠

광범위하게 연구하는 분야를 '카오스 이론'이라고 부른다.

사실 로렌츠의 연구는 주목받지 못했지만 연구 결과가 발표되자 나비의 이미지는 전 세계를 휩쓰는 문화적 돌풍을 일으켰다. 그리고 '나비효과'는 카오스 이론의 전 세계적 상징이 되었다. 그것은 현대 물리학의 복잡한 방정식이 인생에서 직감했던 부분을 확인시켰다는 인상을 주면서 매우 단순한 개념으로 접근되었기 때문이다.

 함께 읽으면 좋은 책

《카오스》

과학계의 변방에 있던 사람들이 어떻게 카오스 혁명의 사상적 씨앗을 뿌렸으며 기성 과학에서는 어떤 반응을 보였는지 극적으로 풀어낸다.

제임스 글릭 지음, 박래선 옮김, 동아시아, 2013.

• 닐 암스트롱 •

미국의 우주비행사, 1930~2012

"한 인간에게는 작은 발걸음이지만 인류에게는 큰 발걸음이다"•

1969년 7월 21일, 닐 암스트롱은 아폴로 11호 착륙선 이글에 탑승해 처음으로 달의 표면을 밟았다. 그리고 다음 문장을 낭독했다.

"한 인간에게는 작은 발걸음이지만 인류에게는 큰 발걸음이다 (That's one small step for man, one giant leap fot mankind)."

달 탐사 성공으로 이 문장은 유명해졌다. 미국과 소련의 우주

● 프랑스에서 《유레카Eurêka!》가 출간되고 2019년 5월 29일 〈프랑스퀼튀르Franceculture〉는 책의 내용을 요약해 기사화했다. 이 기사에 《유레카Eurêka!》에 실리지 않은 닐 암스트롱의 이 명언이 언급되었다. '도전하는 과학'에서 다루기 적당하고 과학사의 이해를 돕는 내용이라 발췌해 싣고 저작권사 Humensis에 수록 허가 받았음을 밝힌다.

경쟁에서 미국이 우위를 점하게 했고 우주 탐사 과학 발전의 전성기를 대표하는 역사적 사건으로 남았다.

그런데 50년 후 이 문장은 논란이 되었다. '한 인간에게'가 아니라 '인간에게'라고 했다는 것이다. 정확히 닐 암스트롱은 뭐라고 말했을까? "한 인간에게 작은 발걸음이다(That's one small step for a man)."라고 했을 것이다. 하지만 그때 그 장면이 담긴 영상을 분석하기는 매우 어려운 일이었다. 닐 암스트롱은 오하이오 출신으로 억양이 셌고 그의 말을 실은 무선 주파수가 지구까지 도달하려면 38만 4,467킬로미터를 통과해야 했다. 게다가 기록 영상에는 잡음이 심해 닐 암스트롱의 녹음 음성이 잘 들리지 않았다.

음역대와 영어권 사람들의 발음을 분석한 결과로 유추해 보면 'a'는 제대로 발음된 것으로 보인다. 저널리스트 조엘 셔킨(Joel Shurkin)이 그것을 확인시켜 주었다. 셔킨은 워싱턴 포스트의 웹진 〈슬레이트〉와의 인터뷰에서 1969년 당시 다른 언론과 송수신실에 있었는데 깔끔한 전송이 없어 기자들은 같은 버전의 인용문을 내보내는 데 합의했다고 말했다. 그래서 "인간에게는 작은 발걸음(one small step for man)"이 되었다.

그렇다면 이제 바로잡자. 잘 생각해 보면 '한 인간에게 작은 발걸음'이라는 문장이 '인간에게 작은 발걸음'이라는 문장보다 더 의미가 있다. '인간'은 가끔 '인류'의 동의어로 사용되므로 관사 같은 한정사 없이 'for man(인간)'이라고 쓴 인용문은 의미가 다소 모호해지기 때문이다.

닐 암스트롱의 동생인 딘 암스트롱은 닐이 달로 떠나기 전 몇 달 동안 그 문장을 준비했으며(달 착륙선에서 내려 바로 나온 문장으로 오랫동안 알려진 바와 다르다) 딘에게 보드게임 리스크(Risk)를 하면서 그 문장에 대한 의견을 물었다고 한다. 그리고 그때 문장은 'for a man'이었다는 점을 분명히 했다.

닐 암스트롱은 버즈 올드린과 함께 '인류의 큰 발걸음'을 내디딘 달 표면을 두 시간이 넘게 탐사했다. 그러면서 달의 모래와 암석을 모았고 지진계를 설치했다. 닷새 뒤 그는 무사히 지구로 돌아왔다.

닐 암스트롱은 1971년에 미국 항공우주국 나사(NASA)를 사임한 후 1979년까지 신시내티 대학교에서 항공 우주 공학을 가르쳤다. 이후 아폴로 13호 사고를 조사했고 여러 기업의 대변인으로도 활동했다.

✸ 함께 읽으면 좋은 책

《퍼스트맨 : 인류 최초가 된 사람 닐 암스트롱의 위대한 여정》
달 착륙 50주년을 기념해 발간한 닐 암스트롱의 유일한 공식 전기. 20세기 후반 미국의 역사, 그리고 전 세계 우주 개발의 역사 등을 함께 살펴볼 수 있다.

제임스 R 핸스 지음, 이선주 옮김, 덴스토리, 2018.

닐 암스트롱

　　조금 색다르게 과학에 접근할 방법이 없을까? 이 책은 '과학자의 말' 또는 '과학자의 명언'을 통해 독자들을 과학의 세계로 초대하기 위해 썼다. 일반적으로 과학이라고 하면 방정식이나 전문 용어 또는 '그들만의 서적' 등이 떠오른다. 그래서 과학은 잘 다듬어진 간결한 문장으로 도저히 설명될 수 없고 과학 자체가 보수적인 고전으로 오해하기도 한다. 하지만 과학과 인문학은 확연히 구분되는 대립 구조의 분야가 아니다. 과학사에도 수 세기 동안 차곡차곡 쌓인 인상적인 명언들이 있기 때문이다. 이 말들은 오늘날에도 여전히 과학 소모임에서 인기를 끌고 더러는 모든 이가 상식으로 알고 있을 정도로 유명하다.

　　이 책에서 소개하는 과학자의 말은 과학의 실천이나 자연법칙에 대해 심오한 격언, 잠언, 독설, 역설, 감탄 형태로 표현되어 오랫동안 사람들의 뇌리를 떠나지 않았다. 또한 이 명언들은 시대를 관통하며 현대인에게 철학적인 질문을 던진다. 즉, 과학 명언은 위대한 과학사의 세계로 향하는 첫 관문이라고 볼 수 있다. 이 책은 '과학자의 말'을 통해 놀라운 과학사에 접근하는 간단하고 재미있는 방법을 알려 준다.

유명한 문장을 굳이 이 책에서 한 번 더 설명하는 이유는 유명하다고 그 의미가 명료하게 전달된 것은 아니기 때문이다. 오히려 왜곡된 경우도 많다. 그래서 여기에 부여된 의미는 정정되어야 한다. 높은 인기로 인해 사람들은 원래의 뜻에 임의로 판타지처럼 해석하고 이를 그대로 믿어 버리기도 한다. 이 책은 과학자의 말이 탄생한 본래의 의미와 배경을 사실에 근거해 설명하려고 했다. 물론 가능한 한 전문 용어는 거의 사용하지 않았으니 안심하자! 설명도 이해하기 쉬운 용어로 썼다.

이 책은 전문 개론서가 아닌 입문서로 명언과 관련된 주제를 짧은 분량으로 소개했다. 과학사에서 유명한 말들이 주로 선정되었고 후대에 크게 빛을 발하지 못한 명언도 몇 가지 포함되었다. 이는 모두 과학사에서 중요한 사상이나 순간을 보여 주는 문장들이다. 충분한 검토를 거쳤지만 이 책이 주로 서양 과학 역사에 국한된 남성들의 문장에 치우친 것은 다소 아쉽다. 이에 필자는 역사학자들의 연구로 '다른 문화권'의 과학 업적에서 나온 명언이 대중화되고 과학사에서 당연히 존경받아야 할 여성 과학자들의 자리를 되찾기를 바란다.

첫 번째 장은 고대 과학, 주로 그리스 로마 시대에 나온 유명한 문장들을 선정해 모았다. 두 번째 장은 과감히 중세를 뛰어넘어 르네상스와 17세기로 이어진다. 과학사에서 빠질 수 없는 중요한 시기인 르네상스와 17세기 동안 근대 과학은 꽃피웠다. 세 번째 장은 18세기와 19세기가 중심이다. 이 시기 동안 여러 과학 지식이 '정복' 흐름의 속도를 높였다고 해도 과언이 아니다. 네 번째 장은 생명과 진화에 대한 문장들을 한곳에서 다뤄 그 유사점을 통해 해당 주제를 더 잘 이해할 수 있도록 했다. 마지막 장은 19세기 말부터 등장한 도전하는 과학을 상징하는 몇 개 문장을 다루면서 대장정을 마친다. 도전하는 과학은 이론과 실천의 놀라운 부흥을 일으켰다.

이 책은 필자가 위대한 학자들을 향해 존경을 표한 겸손한 방식이다. 독자들도 과학자들의 사상과 업적을 더 깊이 들여다보는 계기가 되길 바란다.

알렉시스 로젠봄

윤여연 |옮긴이|

한국외국어대학교 통번역대학원에서 한불과 순차 통역 및 번역으로 석사학위를 받았다. 한국문학번역원의 번역아카데미 특별과정을 수료하고 현재 바른번역에 소속되어 활동 중이다. 옮긴 책으로 《못을 어떻게 박지?》 《펀치니들》 《미니 식물》 등이 있다.

10대를 위한
한 줄 과학

초판 1쇄 발행 2021년 9월 30일
초판 3쇄 발행 2022년 5월 25일

지은이	알렉시스 로젠봄
옮긴이	윤여연
감수	권재술
펴낸이	유지서
펴낸곳	이야기공간 출판등록 2020년 1월 16일 제2020-000003호
주소	22698 인천광역시 서구 승학로 406(검암동, 효산캐슬) A동 503호
	06972 서울특별시 동작구 서달로 161-1 청맥살롱 건물 3층
전화	070-4115-0330 팩스 0504-330-6726
이메일	story-js99@nate.com
블로그	blog.naver.com/story_js2020
인스타그램	https://www.instagram.com/the_story.space/
유튜브	https://www.youtube.com/channel/UCGc7DD4pxilIHPBU-b-kX5Q
이야기공간스토어	https://smartstore.naver.com/storyspace
편집	이이나
교정교열	박진영 woomyun0801@daum.net
디자인	책은우주다 seungdesign@hanmail.net
마케팅	김영란, 신경범, 우이, 육민애
경영지원	카운트북 countbook@naver.com
인쇄·제작	미래피앤피 yswiss@hanmail.net
배본사	런닝북 runrunbook@naver.com
전자책 제작	롤링다이스 everbooger@gmail.com